普通高等教育电气信息类规划教材

电工工艺实训基础

主 编　张志义　肖　鹏

副主编　王运先　贺　伟

机 械 工 业 出 版 社

本书详细介绍了电工工艺方面的相关内容，突出了电工工艺的实践性和应用性。全书理论联系实际，突出实际应用能力的培养。

本书共9章，内容包括安全用电、常用电工工具、电力线路、室内配线、照明装置、低压电器、电气图制图规则和表示法、低压成套配电装置的制作以及导线。

本书可作为应用型电气类、机械类相关专业本科教材，也可供从事电工工艺的相关技术人员使用。

图书在版编目（CIP）数据

电工工艺实训基础/张志义，肖鹏主编 . —北京：机械工业出版社，2019. 6
（2024. 12 重印）

普通高等教育电气信息类规划教材

ISBN 978-7-111-62828-6

Ⅰ.①电… Ⅱ.①张… ②肖… Ⅲ.①电工技术-高等学校-教材 Ⅳ.
①TM

中国版本图书馆 CIP 数据核字（2019）第 099701 号

机械工业出版社（北京市百万庄大街 22 号　邮政编码 100037）
策划编辑：汤　枫　责任编辑：汤　枫
责任校对：张艳霞　责任印制：郜　敏
中煤（北京）印务有限公司印刷
2024 年 12 月第 1 版 · 第 4 次印刷
184mm×260mm · 9.5 印张 · 232 千字
标准书号：ISBN 978-7-111-62828-6
定价：39.00 元

电话服务

客服电话：010-88361066
　　　　　010-88379833
　　　　　010-68326294
封面无防伪标均为盗版

网络服务

机　工　官　网：www.cmpbook.com
机　工　官　博：weibo.com/cmp1952
金　书　网：www.golden-book.com
机工教育服务网：www.cmpedu.com

前　　言

随着电工技术的发展，为培养工程类本科电工技术应用型人才，除了让学生学习必要的理论知识之外，还要有针对性地设置电工工艺方面的课程。通过学习电工工艺方面的课程，使学生具备"设计、制作、安装、调试、技术管理"的能力。本书是为工科院校学生参加电工工艺实训而编写的教程。它既是教学参考书，又是指导实践的实用资料；既是基本技能与工艺知识的入门向导，又是创新实践的启蒙。

本书特点如下：

介绍了电工工艺的主要知识。包括：安全用电；常用电工工具；电力线路；室内配线；照明装置；低压电器；电气图制图规则和表示法；低压成套配电装置的制作；导线。

实用性强。通过对配电照明柜及配电控制柜的装配实习，学生应掌握以下实用技术：了解常用低压元器件的特点并正确选用；电气原理图的读图；导线连接技术；槽板配线技术；控制柜的配线、调试与故障检修方法。

本书第1、2、5、6章由张志义编写，第7、8、9章由肖鹏编写，第3、4章由王运先编写；贺伟、张秀菊参与书中图片的编辑及电气原理图的实验验证工作；张志义拟定编写提纲，并负责全书定稿工作。

本书在编写过程中参阅了国内外的教材和文献，在此谨表谢意！

由于编者水平有限，书中错误和不妥之处在所难免，敬请读者批评指正。

编　者

目　　录

第1章 安 全 用 电

本章主要介绍安全用电的基本知识。电气事故是现代社会不可忽视的灾害之一，安全用电涉及广泛，本章只针对最基本、最常见的用电安全问题进行讨论。

1.1 安全用电和安全作业规程

1.1.1 安全用电知识

1. 安全电压

作为安全交流电压，在任何情况下有效值不得超过 50 V，我国 GB/T 3805—2008 标准规定的安全电压系列有 36 V、24 V、12 V 等。安全电压是对人体皮肤干燥时而言的。因为通过人体电流的大小，主要取决于施加于人体的电压和人体本身的电阻。人体电阻包括皮肤电阻和体内电阻，其中皮肤电阻随外界条件不同有较大变化，一般干燥的皮肤电阻约为 2 kΩ，但随着皮肤的潮湿度加大，电阻会减小，有可能减小到 1 kΩ 以下。所以，倘若人体出汗，又用湿手接触 36V 的电压时，同样会受到电击，此时安全电压也不安全了。

2. 安全距离

为保证电工在电气设备运行操作、维护检修时不致误碰带电体，《电业安全工作规程》（以下简称《规程》）中规定了工作人员离带电体的安全距离；为保证电气设备在正常运行时不出现击穿短路事故，《规程》中还规定了带电体离附近接地导体和不同相带电体之间的最小距离。

安全距离主要有以下几个方面。

1）设备带电体到各种遮栏间的安全距离，见表 1-1。

表 1-1 设备带电体到各种遮栏间的安全距离

设备的额定电压/kV		1~3	6	10	35	60	110*	220*	330*	500*
带电部分到遮栏间的安全距离/mm	屋内	825	850	875	1050	1300	1600	—	—	—
	屋外	950	950	950	1150	1350	1650	2550	3350	4500

设备的额定电压/kV		1~3	6	10	35	60	110*	220*	330*	500*
带电部分到网状遮栏间的安全距离/mm	屋内	175	200	225	400	650	950	—	—	—
	屋外	300	300	300	500	700	1000	1900	2700	5000
带电部分到板状遮栏间的安全距离/mm	屋内	105	130	155	330	580	880	—	—	—

注：*表示中性点直接接地系统。

2）无遮栏裸导体到地面间的安全距离，见表1-2。

表1-2　无遮栏裸导体到地面间的安全距离

设备的额定电压/kV		1~3	6	10	35	60	110*	220*	330*	500*
无遮栏裸导体到地面间的安全距离/mm	屋内	2375	2400	2425	2600	2850	3150	—	—	—
	屋外	2700	2700	2700	2900	3100	3400	4300	5100	7500

注：*表示中性点直接接地系统。

1.1.2　安全操作知识

1. 对电工的基本要求

1）安装电工必须经医师诊定，确无妨碍工作的病症，精神正常，身体健康。

2）电工应具备必要的电气知识，按其工种熟悉《电业安全工作规程》的有关部分。

3）电工应熟练掌握紧急救护法，特别要学会触电急救。

4）新参加工作或新调入的人员，在独立承担工作以前，必须经过安全技术教育，并在熟练的工作人员指导下进行工作。

2. 施工现场的安全措施

1）现场作业应集中精力，坚守工作岗位。

2）在上下交叉作业有危险的出入口，要有防护栏或其他隔离设施。

3）进入施工现场必须戴安全帽，穿工作服和绝缘鞋。高空、悬崖和陡坡施工时必须系好安全带。

4）高空作业衣着要灵便，禁止穿硬底和带钉易滑的鞋。

5）高空作业所用的材料要堆放平稳，工具应随手放入工具袋，上下传递物件要用绳系牢，禁止抛掷。

6）恶劣气候禁止露天高空作业。

7）梯子不得缺档，不得垫高使用，使用时上端要牢靠，下端应采取防滑措施，单面梯与地面夹角以60°~70°为宜，禁止两人同时梯上作业。人字梯底角要拉牢。在通道上使用梯子时应有人监护。

8）禁止带电作业，禁止带负荷通电或断电。

9）现场施工用电气设备及线路，应按施工设计和有关电气安全技术规程安装、架设。

10）有人触电时应立即切断电源，进行急救。

3. 预防人身触电的安全措施

1）绝缘导线连接处可用胶布包扎。

2）用屏障或围栏防护，以防止触及带电体。

3）对易于接近的带电体，应保持其在手臂所能触及的范围之外。

4）剩余电流保护动作电流不宜超过 30mA。

5）相应场合相应等级安全电压：手持的行灯或高度不足 2.5 m 的照明装置，其安全电压为 36 V。若相对湿度过高，则金属容器内的手持照明灯安全电压应降为 12 V。

1.1.3 安全操作要求

1. 停电操作

1）检查是否断开所有的电源。在停电操作（作业）时，为保证安全，应切断电源，使电源至作业的设备或线路有两个以上的明显断开点。对于多回路的用电设备或线路，还要注意从低压侧向被作业设备倒送电的问题。

2）进行操作前的验电。操作前，用电压等级合适的验电器（笔）对被操作的电气设备或线路进出线两侧分别验电。验电时，手不得触及验电器（笔）的金属带电部分。确认无电后，方可进行作业。

3）悬挂警告牌。在断开的开关或刀开关操作手柄上悬挂"禁止合闸、有人工作"的警告牌，必要时加锁固定。对于多回路的线路，更要防止突然来电。切断电源时，应先断开负荷侧开关，再断开电源侧开关；合上电源时，应先合电源侧开关，再合负荷侧开关。

4）装接接地线。在检修交流线路中的设备或部分线路时，对于可能送电的地方都要装接携带型临时接地线。装接接地线时，必须做到"先接接地端，后接设备或线路导体端，接触必须良好"。拆卸接地线与装接接地线的顺序相反。临时接地线应采用多股软裸铜导线，其截面积不小于 25mm²。

2. 带电操作

1）在电气设备或线路上带电工作时，应由有经验的电工专人监护。

2）电工作业时，应穿长袖工作服，戴安全帽、防护手套，并使用与工作内容相应的防护用品。

3）使用绝缘安全用具操作。在移动带电设备上操作时，应先接负载后接电源，拆线时顺序相反。

　　4）电工带电操作时间不宜过长，以免因疲劳过度、注意力分散而发生事故。

1.2　人体触电的方式与急救

1.2.1　人体触电的方式

　　人体触电的方式一般分为直接接触触电和间接接触触电两种方式。

　　1. 直接接触触电

　　直接接触触电是指人体直接触及或过分靠近电气设备及线路的带电导体而发生的触电现象。直接接触触电又分为单相触电、两相触电、电弧触电及接触电压触电等。

　　（1）单相触电

　　人体的某一部分触及带电设备或线路的一相带电体的同时，另一部分又与大地或中性线相接，电流从带电体经人体到大地（或中性线）形成回路而发生的触电现象称为单相触电。

　　1）中性线接地的单相触电如图1-1所示。此时加在人体的电压几乎等于相电压，通过人体的电流远大于安全电流30 mA。

　　2）无中性线或中性线不接地的单相触电如图1-2所示。电流从电源相线经人体、其他两相的对地阻抗（由线路的绝缘电阻和对地电容构成）回到电源的中性点形成回路，当绝缘不良或对地电容较大时构成触电。

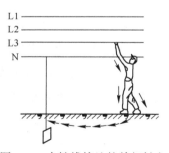

图1-1　中性线接地的单相触电

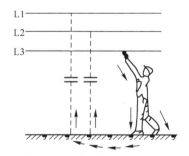

图1-2　无中性线或中性线不接地的单相触电

　　3）接触电压触电如图1-3所示，人体如同电流表一样接入电路，电流通过人体形成回路，这是一种很危险的触电方式。

　　（2）两相触电

　　两相触电为人体不同部分同时触及带电设备或线路中的两相导体造成的触电方式，如图1-4所示。此时，无论电网中性点是否接地，人体受到的均为线电压的作用，危险比单相触电更大。

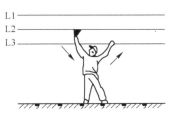

图 1-3　接触电压触电　　　　　　　　　　　　图 1-4　两相触电

2. 间接接触触电

（1）跨步电压触电

当雷电流入地或高压电线断裂到地时，在导线接地点及周围形成一个由中心逐渐向外减弱的强电场。当人进入断线着地点 8 m 以内的电场时，两脚之间出现的电位差称为跨步电压。在这种电压的作用下，电流从接触高电位的脚流进，从接触低电位的脚流出，从而形成跨步电压触电，如图 1-5 所示。

（2）感应电压触电

感应电压触电是指人触及带有感应电压的设备或线路时造成的触电事故。在超高压输电线路和配电装置的周围存在着强大的电场，一些不带电的设备或电路由于电场的作用会产生感应电压，当人触及这些设备或站在电场中时均会造成感应电压触电。

图 1-5　跨步电压触电

1.2.2　触电急救

人体触电事故发生后，最关键的一个环节是使触电者迅速脱离电源，然后用正确的方法进行现场救护。因为触电的时间越长，对触电者生命的危害程度就越大。

1. 触电者脱离电源的安全注意事项

1）救护人员不得采用金属和其他潮湿的物品作为救护工具。

2）在未采取任何绝缘措施前，救护人员不得直接触及触电者的皮肤和潮湿衣服。

3）在使触电者脱离电源的过程中，救护人员最好用一只手操作，以防再次发生触电。

4）当触电者站立或位于高处时，应采取措施防止触电者脱离电源后摔倒或坠落。

5）夜晚发生触电事故时，应考虑切断电源后的事故照明，以利于救护。

2. 触电者脱离电源的方法

（1）脱离低压电源的方法

1）切：一是指切断电源开关，二是指用带绝缘柄的工具切断导线。

2）挑：用绝缘杆、棍、干燥的木棒，挑开搭落在触电者身上的导线。

3）拉：救护者用一只手戴上手套（脚底下最好有绝缘物），将触电者拉脱电源。

4）垫：触电者感电严重发生痉挛，又不能立即切断电源时，可用干燥的木板塞进触电者身下，使其与地绝缘，然后再设法切断电源。

（2）脱离高压电源的方法

1）停：以最快的速度停电，拉开断路器或拉开跌落式熔断器。

2）踢：当在距地面小于1m的场合下作业，地面上无石块和利器的条件下，两个人作业一人触电时，最快的方法是未触电者跳起来将触电者踢离电源。

3）短：在保证人身安全的前提下，救护人员可向架空线上抛掷裸金属软导体，造成线路短路，迫使其保护装置动作即开关跳闸而断电。

3. 脱离电源后的现场救护

抢救触电者使其脱离电源后，应立即将其就近移至干燥通风的场所，要注意切勿慌乱和围观，并立即按不同情况进行现场对症救护。切记当时的关键是"判别情况与对症救护"，这样方能使救护工作取得最好的效果。

（1）意识、呼吸与心跳情况的判定

1）触电者若闭目不语，出现神志不清的情况，应让其就地仰卧躺平，且确保气道通畅。可迅即呼叫其名字或轻拍其肩部（时间不超过5s），以判断触电者是否丧失意识。但禁止摇动触电者头部进行呼叫。

2）若触电者神志昏迷，丧失意识，应立即查一查是否有呼吸，听一听是否有心跳。具体可用"看、听、试"的方法尽快（不超过10s）进行判定，切勿久拖，如图1-6所示。

看——仔细观看触电者的胸部和腹部是否还有起伏动作。

听——用耳朵贴近触电者的口鼻与心房处，细听其有无微弱呼吸声和心跳声。

试——用手指或小纸条测试触电者口鼻处有无呼吸气流。再用两手指轻按触电者左侧或右侧喉结旁凹陷处的颈动脉，试其有无搏动，以判定是否还有心跳。

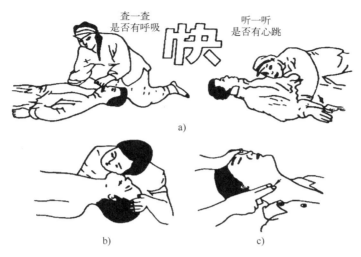

图 1-6　用"看、听、试"的方法判定是否有呼吸与心跳

（2）心肺脑复苏的徒手操作

一经确诊，立即清理口腔内的食物、血块及假牙等异物，如图 1-7 所示。

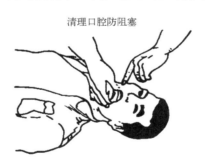

图 1-7　清理异物

1）打开气道。触电者神志丧失后，全身肌肉张力下降，舌肌松弛，舌根后坠，贴在咽后壁，造成上呼吸道梗阻。所以应先打开气道，以解除上呼吸道梗阻。打开气道的方法有如下三种。

① 仰头抬颈法。救护人员跪或站在触电者头部一侧，一手放在触电者颈后，将其颈部托起，另一手下压前额即可。

② 仰头举颏法。救护人员将一手放在触电者前额下压，另一手食指、中指放在颏部并上提。如图 1-8 所示。

③ 双手拉颌法。救护人员站或跪在触电者头部，用双手固定两侧下颌角，并向上提起。此法适用于疑有颈椎损伤者。

以上三种方法均应使头部充分后仰，使下颌角与耳垂连线和地面垂直。

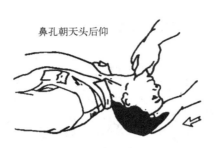

鼻孔朝天头后仰

图 1-8　仰头举颏法

2）口对口吹气。打开气道后若触电者无呼吸，救护人员应立即深呼吸 2~3 次后，张大嘴严密包绕触电者的嘴，同时用放在前额的手的拇指、食指捏紧其双侧鼻孔，连续向肺内吹气两次，吹后应放松双侧鼻孔，每次吹气量在 900~1100 mL，每分钟吹气 12 次。吹气和放松时应观察胸廓有无明显的起伏。吹气量小于 800 mL 时，会造成通气不足；吹气量大于 1200 mL 时，会使胃内压力增高而导致胃容物反流，导致上呼吸道梗阻。口对口与口对鼻吹气如图 1-9、图 1-10 所示。

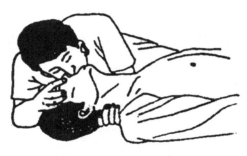

图 1-9　口对口吹气

图 1-10　口对鼻吹气

3）胸外心脏按压。口对口吹气两次后，应立即检查颈动脉是否搏动，如无搏动，迅速进行胸外心脏按压。

① 按压位置。救护人员以左手食指和中指沿肋弓向中间滑移至两侧肋弓交点处，即胸骨下切迹，然后将食指和中指横放在胸骨下切迹的上方，食指上方的胸骨正中部即为按压区，将另一手的掌根紧挨食指放在患者胸骨上，再将定位之手取下，将掌根重叠放于另一

手手背上，使手指翘起脱离胸壁，也可采用两手手指交叉抬手指。位置错误可能会造成触电者肋骨骨折、肝脏破裂或胃内压力增加而导致胃容物反流。

②按压姿势。救护人员双手重叠，两臂伸直，肘关节不得弯曲。身体略向前倾，肩部正对胸骨，用上体的重量垂直下压胸骨。

③按压方式。救护人员要有节律地进行，不得中断。按压深度为3~5 cm，每分钟80~100次，下压与放松时间之比为1：1。

④单人抢救法。由一人完成抢救时，按压与吹气之比为30：2，即每按压30次，吹气2次，如此循环。如图1-11所示。

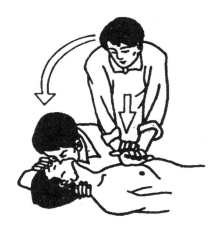

图1-11　单人抢救者

⑤双人抢救法。由两人完成抢救时，一人进行按压，另一人进行口对口吹气，按压与吹气之比为5：1，即每按压5次，吹气1次，如此循环，如两人交换位置或换其他人时，不能打破原有的节律。必要时，按压停止时间不得大于5 s。双人抢救法如图1-12所示。

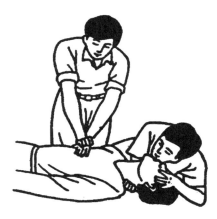

图1-12　双人抢救法

4）清除呼吸道异物。吹气时，如果气道已打开，气体仍吹不进肺内，感觉有阻力，说明气道有异物阻塞。常见的异物有食物、呕吐物、血块及假牙等。这时可采取以下几种清除方法。

① 击背法。让触电者侧卧，一手扶住触电者的肩部，另一手掌迅速有力地拍击触电者两肩胛骨之间部位，使堵塞物松动开。如图 1-13 所示。

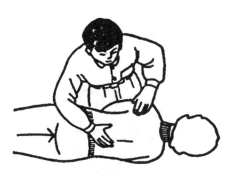

图 1-13　击背法

② 手推胸部法。让触电者仰卧，救护人员一只手掌根部放在触电者的胸骨下半部，另一只手放在前一只手的手背上，连续向下按压 4 次，将异物从咽喉部推出来。如图 1-14 所示。

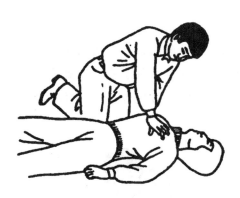

图 1-14　手推胸部法

③ 手推腹部法。让触电者仰卧，救护人员一只手掌根部放在触电者肚脐上 2 指处，另一只手放在前一只手的手背上，向下按的同时向上推，连续推 4 次，使异物从咽喉部滑脱出来。如图 1-15 所示。

④ 清除口腔内异物。让触电者头偏向一侧，救护人员将食指和拇指交叉，伸到触电者嘴内撬开口腔，用另一只手指从口腔内勾出异物。如图 1-16 所示。

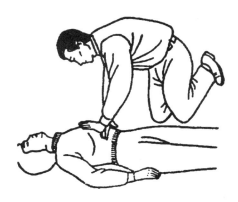

图 1-15 手推腹部法

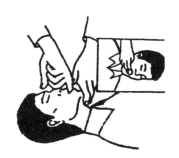

图 1-16 清除口腔内异物

1.3 接地及常见接地系统

1.3.1 接地

将电力系统或电气装置的某一部分经接地线连接到接地极称为接地。连接到接地极的导线称为接地线。接地极与接地线合称为接地装置。若干接地体在大地中互相连接则组成接地网，接地线又可分为接地干线和接地支线。按规定，接地干线应采用不少于两根导体在不同地点与接地网连接。电力系统中接地的点一般是中性点。电气装置的接地部分为外露导电部分，它是电气装置中能被触及的导电部分，它正常时不带电，故障情况下可能带电。装置外导电部分也称为外部导电部分，不属于电气装置，一般是水、暖、煤气、空调的金属管道以及建筑物的金属结构。

接地的作用主要是防止人身遭受电击、设备和线路遭受损坏、预防火灾和防止雷击、防止静电损害和保障电力系统正常运行。接地是为保证电工设备正常工作和人身安全而采取的一种用电安全措施，通过金属导线与接地装置连接来实现，常用的有保护接地、工作接地、防雷接地、屏蔽接地和防静电接地等。接地装置将电工设备和其他生产设备上可能产生的漏电流、静电荷以及雷电电流等引入地下，从而避免人身触电和可能发生的火灾、爆炸等事故。

1.3.2 接地的种类

接地可以分为工作接地、防雷接地和保护接地。

工作接地就是由电力系统运行需要而设置的（如中性点接地），因此在正常情况下就会有电流长期流过接地电极，但是只是几安培到几十安培的不平衡电流。在系统发生接地故障时，会有上千安培的工作电流流过接地电极，然而该电流会被继电保护装置在 0.05 ~ 0.1 s内切除，即使是后备保护，动作时间一般也在 1 s 以内。

防雷接地是为了消除过电压危险影响而设的接地，如避雷针、避雷线和避雷器的接地。防雷接地只是在雷电冲击的作用下才会有电流流过，流过防雷接地电极的雷电流幅值可达数十至上百千安培，但是持续时间很短。

保护接地是为了防止设备因绝缘损坏带电而危及人身安全所设的接地，如电力设备的金属外壳、钢筋混凝土杆和金属杆塔。保护接地只是在设备绝缘损坏的情况下才会有电流流过，其值可以在较大范围内变动。

电流流经以上三种接地电极时都会引起接地电极电位的升高，影响人身和设备的安全。为此必须对接地电极的电位升高加以限制，或者采取相应的安全措施来保证设备和人身安全。

1.3.3 接地装置

接地装置由接地体和接地线组成。直接与土壤接触的金属导体称为接地体。电气设备需接地点与接地体连接的金属导体称为接地线。接地体可分为自然接地体和人工接地体两类。自然接地体有：①埋在地下的自来水管及其他金属管道（液体燃料和易燃、易爆气体的管道除外）；②金属井管；③建筑物和构筑物与大地接触的或水下的金属结构；④建筑物的钢筋混凝土基础等。人工接地体可用垂直埋置的角钢、圆钢或钢管，以及水平埋置的圆钢、扁钢等。当土壤有强烈腐蚀性时，应将接地体表面镀锡或热镀锌，并适当加大截面。水平接地体一般可用直径为 8 ~ 10 mm 的圆钢。垂直接地体的钢管长度一般为 2 ~ 3 m，钢管外径为 35 ~ 50 mm，角钢尺寸一般为 40 mm×40 mm×4 mm 或 50 mm×50 mm×4 mm。人工接地体的顶端应埋入地表面下 0.5 ~ 1.5 m 处。在这个深度以下，土壤电导率受季节影响变动较小，接地电阻稳定，且不易遭受外力破坏。

1.3.4 系统接地的几种形式

接地系统分为 TT 系统、TN（TN-C、TN-S、TN-C-S）系统、IT 系统。其中，第一个字母表示电力（电源）系统对地关系。T 表示中性点直接接地，I 表示所有带电部分绝缘（不接地）。第二个字母表示用电装置外露的金属部分对地的关系，如 T 表示设备外壳接地，它与系统中的其他任何接地点无直接关系，N 表示负载采用接零保护。第三个字母表示工作零线与保护线的组合关系，如 C 表示工作零线与保护线是合一的，如 TN-C，S 表示工作零线与保护线是严格分开的，如 TN-S。

1. TT 系统

TT 方式是指电气设备的金属外壳直接接地的保护系统，称为保护接地系统，也称为 TT 系统。如图 1-17 所示。

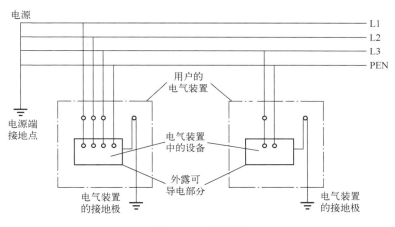

图 1-17　TT 系统

2. TN 系统

TN 系统指电源系统有一点（建筑行业中通常是指建筑物供电的变压器中的中性点）直接接地，负载设备的外露可导电部分（如金属外壳）通过保护线连接到此点的低压配电系统，称为 TN 系统。

TN 方式供电系统中，根据其保护线 PE 是否与工作零线 N 分开，又划分为 TN-C、TN-S 和 TN-C-S 系统。

（1）TN-C 系统

TN-C 是保护线 PE 和工作零线 N 合为一根 PEN 线，所有负载设备的外露可导电部分均与 PEN 线相连的一种形式（只使用于三相负载基本平衡情况）。如图 1-18 所示。

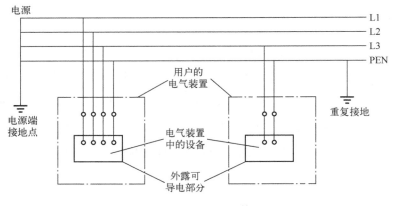

图 1-18　TN-C 系统

（2）TN-S 系统

TN-S 是一种把工作零线 N 和专用保护线 PE 严格分开的供电系统。TN-S 安全可靠，适用于工业与民用建筑等低压供电系统。如图 1-19 所示。

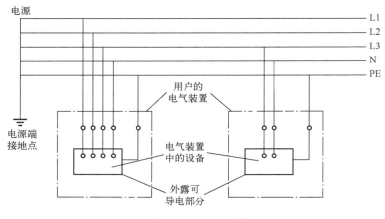

图 1-19　TN-S 系统

（3）TN-C-S 系统

TN-C-S 系统前端为 TN-C 系统，后端为 TN-S 系统。TN-C-S 系统在带独立变压器的生活小区中较普遍采用。如图 1-20 所示。

3. IT 系统

IT 系统电源侧没有工作接地，或经过高阻抗接地，负载侧电气设备进行接地保护。IT 系统在供电距离不是很长时，供电的可靠性高，安全性好。一般用于不允许停电的场所，或者要求严格连续供电的场所，例如，电力、炼钢、大医院的手术室、地下矿井等处。如图 1-21 所示。

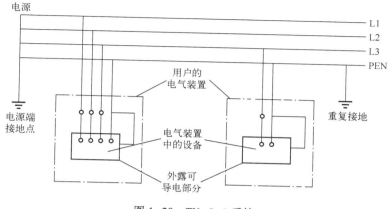

图 1-20　TN-C-S 系统

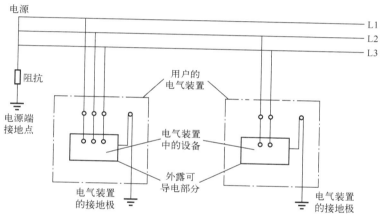

图 1-21　IT 系统

1.3.5　接地安全

接地系统应注意以下几点。

1）TN 系统中的保护零线除必须在配电室或总配电箱处做重复接地外，还必须在配电系统的中间处和末端处做重复接地。在 TN 系统中，保护零线每一处重复接地装置的接地电阻值不应大于 10Ω。在工作接地电阻值允许达到 10Ω 的电力系统中，所有重复接地的等效电阻值不应大于 10Ω。

2）在 TN 系统中，严禁将单独敷设的工作零线再做重复接地。

3）每一接地装置的接地线应采用 2 根及以上导体，在不同点与接地体做电气连接。不得采用铝导体做接地体或地下接地线。垂直接地体宜采用角钢、钢管或光面圆钢，不得采用螺纹钢。接地可利用自然接地体，但应保证其电气连接和热稳定。

4）移动式发电机供电的用电设备，其金属外壳或底座应与发电机电源的接地装置有可靠的电气连接。

5）移动式发电机系统接地应符合电力变压器系统接地的要求。下列情况可不另做保护接零：

① 移动式发电机和用电设备固定在同一金属支架上，且不供给其他设备用电时。

② 不超过2台的用电设备由专用的移动式发电机供电，供、用电设备间距不超过50m，且供、用电设备的金属外壳之间有可靠的电气连接时。

第2章　常用电工工具

本章主要介绍电工常用的几种工具。电工有很多专用工具，因个人使用习惯和工作原理不同，每一名电工常用的工具都不尽相同。电工工具需要方便、实用，最主要的是必须符合绝缘等级的要求。可以说每一名电工都必须使用工具，并且常年携带，从不离身！

2.1　电工常用工具

2.1.1　通用工具

电工常用的工具有验电器、螺钉旋具、钢丝钳、尖嘴钳、断线钳、电工刀、扳手、铁锤和锯弓等。这些工具都放置在随身携带的工具套和工具包内，如图2-1所示。使用时，电工工具套可用皮带系结在腰间，置于右臀部，将常用工具放入套中，便于随手取用。电工包横跨在左侧，内有零星电工器材和辅助工具，以便外出使用。

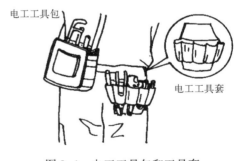

图2-1　电工工具包和工具套

1. 验电器

验电器又叫电压指示器，用来检查导线和电气设备是否带电。验电器分为高压和低压两种。

1) 低压验电器。又称电笔，常做成钢笔式或螺钉旋具式。使用时手触及笔尾的金属体，电流经被测体、验电器、人体到大地，形成通电回路。只要被测体与大地之间的电位差超过60 V，验电器中的氖管就会发光，这表示被测体带电。若氖管两极都发光，则被测体带交流电；若一极发光则被测体带直流电。低压验电器的检验电压范围为60~500 V。使用时，应注意手必须触及笔尾的金属体，否则构不成通电回路，氖管不发光。因氖管亮度较低，所以应注意避光检测，以防误判。低压验电器结构及使用方法如图2-2所示。

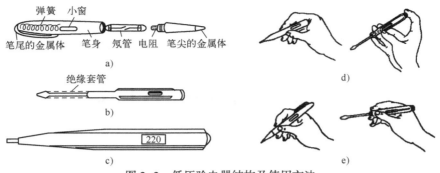

图 2-2 低压验电器结构及使用方法

a) 笔式 b) 旋具式 c) 数字显示式 d) 正确握法 e) 不正确握法

2）高压验电器。使用高压验电器时必须戴绝缘手套，手握部分不得超过护环，人体各部位与被测体都要保持一定的距离（当被测体为 10 kV 时，安全距离应在 0.7 m 以上）。高压验电器通常是不接地的，只有在木质电杆或扶梯上验电，不接地不能指示时才装上接地线，使氖管清晰发光。高压验电器结构及使用方法如图 2-3 所示。

2. 螺钉旋具

螺钉旋具一般分为一字形和十字形两种。

一字形螺钉旋具的规格用柄部以外刀体长度的毫米数表示，常用的有 100 mm、150 mm、200 mm、300 mm、400 mm 五种，如图 2-4a 所示。

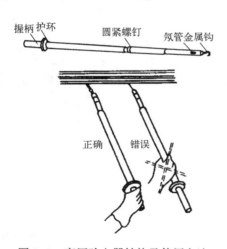

图 2-3 高压验电器结构及使用方法

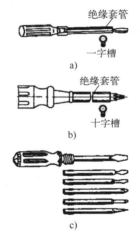

图 2-4 螺钉旋具的结构

a) 一字形 b) 十字形 c) 组合式

十字形螺钉旋具分为四种型号，其中 Ⅰ 号适用于直径为 2~2.5 mm 的螺钉，Ⅱ 号、Ⅲ 号、Ⅳ 号分别适用于 3~5 mm、6~8 mm、10~12 mm 的螺钉，如图 2-4b 所示。

还有一种多用的螺钉旋具，是一种组合式工具，既可以用作螺钉旋具，又可作为低压验电器使用，此外还可用来进行锥、钻芯。它的柄部和刀体是可以拆卸的，并附有规格不同的刀体、三棱锥体、金刚石钻头、锯片及锉刀等附件，如图2-4c所示。

使用螺钉旋具时，要选用合适的型号，不允许以大代小，以免损坏电气元件。

3. 钢丝钳

电工用钢丝钳的柄部套有绝缘套管，耐压为500 V。其规格用钢丝钳全长的毫米数表示，常用的有150 mm、175 mm、200 mm三种。其构造及应用如图2-5所示。钢丝钳的不同部位有不同的用处：钳口用来弯绞或钳夹导线线头；齿口用来紧固或拆卸螺母；刀口用来剪切导线或剥除导线绝缘层；铡口用来铡切导线线芯、钢丝等较硬的金属。

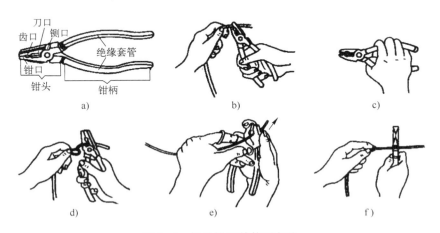

图2-5　钢丝钳及其使用方法

a) 外形结构　b) 弯绞导线　c) 紧固、拆卸螺母　d) 剪切导线　e) 剥除绝缘层　f) 铡切钢丝

使用钢丝钳之前，须查看其柄部绝缘套管是否完好，以防触电。带电作业时不得用刀口同时剪切相线和零线，以防短路。

4. 尖嘴钳、断线钳

尖嘴钳如图2-6所示，其头部"尖细"，适用于在狭小的工作空间内操作，能夹持小的螺钉、垫圈、导线及电气元件。在安装控制线路时，尖嘴钳能将单股导线弯成接线端子（线鼻子），有刀口的尖嘴钳还可以剪断导线、剥除绝缘层。尖嘴钳的规格以其全长的毫米数表示，有130 mm、160 mm、180 mm等几种。它的柄部套有绝缘管，耐压为500 V。

断线钳如图2-7所示，其头部"扁斜"，又叫斜口钳或扁嘴钳，是专供剪断较粗的金属丝、线材及导线、电缆时使用的。它的柄部有铁柄、管柄及绝缘柄之分，绝缘柄耐压为500 V。

图2-6　尖嘴钳　　　　　　图2-7　断线钳

5. 剥线钳

剥线钳如图 2-8 所示，它是用来剥除小直径导线绝缘层的专用工具。它的钳口部分设有几个咬口，用来剥除不同线径的导线绝缘层。其柄部是绝缘的，耐压为 500 V。在使用剥线钳时，不允许用小咬口剥大直径导线，以免咬伤线芯；也不允许将其当钢丝钳使用，以免损伤咬口。

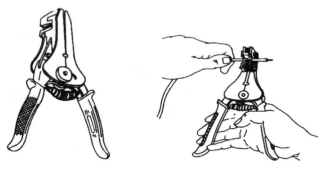

图 2-8　剥线钳及其使用方法

6. 电工刀

电工刀如图 2-9 所示，是用来剖切导线、电缆的绝缘层，切割木台缺口，削制木枕的专用工具。使用时刀口应朝外部削，以免伤手。剖削绝缘层时，刀面与导线呈 45°角倾斜切入，以免割伤导线。

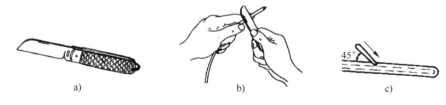

a)　　　　　　　　　　　b)　　　　　　　　　　c)

图 2-9　电工刀及其使用方法
a) 外形　b) 使用方法　c) 刀口斜度

7. 活扳手

活扳手如图 2-10 所示，是一种专用于紧固和松动螺母的工具，主要由活扳唇、呆扳唇、扳口、蜗轮及轴销等构成，其规格以长度（mm）×最大开口宽度（mm）表示，常用的有150×19（6 in）、250×30（10 in）、300×36（12 in）等几种。

使用时，将扳口放在螺母上，调节蜗轮，使扳口将螺母轻轻咬住，按图 2-10b 所示方向施力（不可反用，以免损坏活扳唇）。当扳动较小螺母，需较小力矩时，应握在手柄的头部，以防"打滑"。

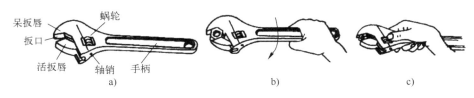

图 2-10　活扳手及其使用方法

a) 外形结构　b) 扳大螺母时握法　c) 扳小螺母时握法

8. 导线压接钳

导线压接钳是一种用冷压的方法来连接铜、铝导线的五金工具，特别是在铝绞线和钢芯铝绞线敷设施工中常要用到它。导线压接钳大致可分为手压和油压两类。导线截面为 35 mm² 及以下用手压钳，35 mm² 以上用齿轮压钳或油压钳。随着机械制造工业的发展，电工可采用的机械工具越来越多，使用这些工具不仅能大大降低劳动强度，而且能成倍地提高工作效率，所以电工有必要了解、掌握这些工具，要善于运用这些工具。

如图 2-11 所示为电工常用的一种导线压接钳，常用小规格电缆如 0.5 mm²、1 mm²、1.5 mm²、2.5 mm²、4 mm²、6 mm² 都可使用该压接钳制作电缆接头。

图 2-11　导线压接钳

根据电线直径选择合适的绝缘线端，把插头放在钳子两牙之间尺寸合适的凹槽中，然后轻压，再把电线穿到绝缘线端部，用力压手柄，以确保一个紧固的压力配合，最后释放，钳口自动张开。

9. 绝缘棒

绝缘棒是一种电气安全工具，主要是用来闭合或断开高压隔离开关、跌落式熔断器以及用于进行带电测量和试验工作。绝缘棒由工作部分、绝缘部分和手柄部分等组成，如图 2-12 所示。工作部分是由金属或强度较大的材料制成，其长度一般为 5~8 cm，绝缘部分和手柄部分由浸渍过绝缘漆的木材、硬塑料或玻璃钢等绝缘性能好的材料制成，其长度有一定的要求，当额定电压在 10 kV 及以下时，绝缘部分的最小长度不应小于 1.1 m，手柄长度不应小于 0.4 m。

使用前，应确定绝缘棒是否符合设备额定电压，是否在试验有效期内，检查有无损伤，油漆有无损坏等。操作时应配合使用绝缘手套、绝缘靴等辅助安全工具。

手柄部分　隔离环　　　绝缘部分　　　工作部分

图 2-12　绝缘棒

2.1.2　辅助工具

1. 手电钻

手电钻的作用是在工件上钻孔，手电钻主要由电动机、钻头、钻夹头及手柄等组成，分为手提式和手枪式两种。其外形如图 2-13 所示。手电钻通常采用电压为 220 V 的交流电动机。使用时，将选定的钻头柄部塞入钻夹头的三爪卡内，用专用钥匙夹紧，工件应按要求画线打孔并固定牢靠。要先进行试钻，使钻出的浅坑保持在中心位置。操作要平稳，压力不宜过大，并经常退钻排屑。

2. 冲击钻

冲击钻的主要作用是在砖墙上打孔眼。其外形与手电钻相似，如图 2-14 所示，当把锤、钻调节开关调节到"钻"的位置时，可作为普通电钻使用；当调节到"锤"的位置时，即可冲打孔眼，作为电锤使用。

图 2-13　手电钻

图 2-14　冲击钻

3. 电烙铁

电烙铁如图 2-15 所示，主要用来镀锡，焊接铜导线、铜接头或元器件等。由烙铁主要由发热元件、烙铁头及手柄等组成。

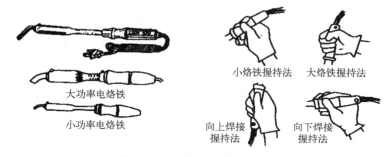

大功率电烙铁

小功率电烙铁

小烙铁握持法　大烙铁握持法

向上焊接握持法　向下焊接握持法

图 2-15　电烙铁及其使用方法

2.1.3 登高工具

1. 安全带

安全带如图 2-16 所示，是腰带、保险绳和腰绳的总称，用来防止发生空中坠落事故。腰带是用来系挂保险绳、腰绳和吊物绳的，系在腰部以下、臀部以上的部位。保险绳是用来防止失足时人体坠落到地面上的，其一端系在腰上，另一端用保险挂钩系在横担、抱箍或其他固定物上，要高挂低用。

注意：使用时应查看保险装置是否可靠，是否出现老化以及脆裂、腐朽等情况，如果发现上述情况绝对不能使用。

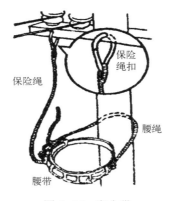

图 2-16　安全带

2. 脚扣

脚扣是用来攀登电杆的工具，由弧形扣环、脚套组成，分为木杆脚扣和水泥杆脚扣两种，如图 2-17 所示。木杆脚扣的扣环上制有铁齿，用以咬入木杆内；水泥杆脚扣的扣环上裹有轧花胶套，以增加攀登时的摩擦，防止打滑。

使用脚扣登杆时，首先要检查脚扣皮层有无断层、脱落及离股等现象；脚扣带是否完整无裂纹、无腐朽；脚扣型号是否合适，并要与安全带配合使用。水泥杆脚扣可用于攀登木杆，但木杆脚扣不能用于攀登水泥杆。

使用脚扣登杆时，应系好脚套，把环扣调到与杆下部相适应的大小尺寸，安全绳绕着电杆系好，两手扶着电杆，脚扣移动距离不能过大，待脚扣卡牢，慢慢移动身体，随之移动安全绳，随着身体升高，电杆变细，用相应的手（左手调右脚，右手调左脚）调节环扣到适应的大小。待升到作业位置时，把保险挂钩系到横担上，如图 2-16 所示，两脚交叉卡牢定位，如图 2-18 所示，即可作业。

下杆时，摘下保险挂钩，调节脚扣，向下移动脚扣的距离不宜过大。注意调节环扣时用一只手调节，另一只手要扶住电杆。

轧花胶套

a) b)

图 2-17 脚扣

a）木杆脚扣　b）水泥杆脚扣

图 2-18 杆上操作时两

脚扣的定位方法

3. 梯子

梯子分为单梯、人字梯（合页梯）及升降梯等几种，一般用毛竹、硬制木材及铝合金等材料制成。

使用梯子时应注意以下几点。

1）用前要检查有无虫蛀、折裂等。

2）使用单梯时，梯根与墙的距离应为梯长的 1/4~1/2，以防滑落和翻倒。

3）使用人字梯时。人字梯的两脚间应加拉绳，以限制张开角度，防止滑塌，工作时，一只脚应别在梯子中间，禁止站在最上一层工作。

4）采取有效措施，防止梯根滑落。

2.2　施工常用的绳及绳扣的结法

2.2.1　麻绳

麻绳是用来捆绑、拉索、提吊物体的，常用的麻绳有亚麻绳和棕麻绳两种，质量以白棕绳为最佳。

麻绳的强度较低，易磨损，适于捆绑、拉索、抬及吊物体用，在机械起动的起重机械中严禁使用。

2.2.2　钢丝绳

钢丝绳广泛应用于重物起重、提升和牵引设备中，是由单根钢丝拧成小股，再将小股拧在一起而成的。根据拧绞方式的不同，可分为平行拧绞钢丝绳（钢丝绳和各小股拧绞方向相同）和交互拧绞钢丝绳（钢丝绳和各小股拧绞方向相反）。前者具有较大的柔性和耐磨性，但易松股；后者应用广泛。

2.2.3 常用的几种绳扣

下面介绍几种在电力内外线施工中经常用的绳扣，它们的优点是方便、安全、牢固、可靠。

1）直扣（图2-19a），用于临时将麻绳结在一起的场合。

2）活扣（图2-19b），用途与直扣相同，特别适用于需要迅速解开绳扣的场合。

3）腰绳口（图2-19c），用于登高作业时的拴腰绳。

4）猪蹄扣（图2-19d），在抱杆顶部等处绑绳时使用。

5）抬扣（图2-19e），用于抬起重物，调整和解扣都比较方便。

6）倒扣（图2-19f），在抱杆上或电杆起立、拉线往锚桩上固定时使用此扣，通常用两三个倒扣结紧，再用细铁丝把绳头绑好。

7）背扣（图2-19g），在杆上作业时，上下传递工具和材料时使用。

8）倒背扣（图2-19h），用于吊起、拖拉轻而长的物体，可防止物体转动。

9）钢丝绳扣（图2-19i），用于将钢丝绳的一端固定在一个物体上。

10）连接扣（图2-19j），用于钢丝绳与钢丝绳套的连接。

11）灯结扣（图2-19k），适用于灯头、吊线盒，防止电接头受力。

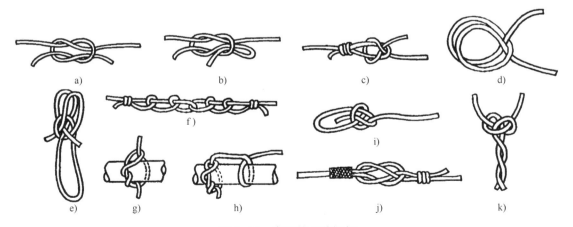

图2-19 常用的几种绳扣

a）直扣 b）活扣 c）腰绳扣 d）猪蹄扣 e）抬扣 f）倒扣 g）背扣 h）倒背扣

i）钢丝绳扣 j）连接扣 k）灯结扣

第3章 电力线路

电力线路按电压高低分,有高压线路和低压线路,高压线路指电压在 1 kV 及以上的电力线路,低压线路指电压为 1 kV 以下的电力线路;按结构形式分为架空线路、电缆线路和室内线路等。电力线路的基本要求:供电安全可靠、操作方便、运行灵活、经济且有利于发展。

3.1 架空线路

架空线路是利用绝缘子将导线固定在杆塔上的电力传输线路。一般分为高压架空线路和低压架空线路。高压架空线路为送电线路,低压架空线路为配电线路。

3.1.1 架空线路的结构

架空线路主要由基础、电杆、导线、绝缘子、横担、拉线和接地装置构成,如图 3-1 所示。

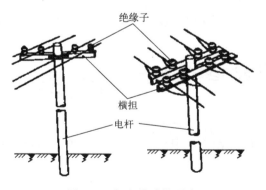

图 3-1 架空线路的形式

1. 导线

架空线路的导线多为多股裸导线,为节约成本,普遍采用铝绞线或钢芯铝绞线,现推广使用铝绞合金线。在工厂内部易受金属勾碰的地方和接户、进户线应采用绝缘导线。

2. 杆塔

杆塔用来支撑导线，要有足够的机械强度。根据所用的材料可分为木杆、水泥杆和金属杆 3 种。根据其功能作用，可分为直线杆、耐张杆、转角杆、分支杆、跨越杆和终端杆，常用各种杆型如图 3-2 所示。

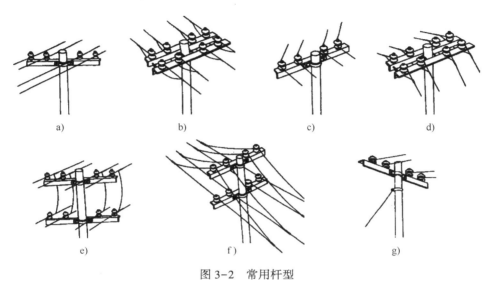

图 3-2　常用杆型

a）直线杆　b）耐张杆　c）转角杆　d）转角耐张杆　e）分支杆　f）跨越杆　g）终端杆

3. 横担

横担用于支持安装绝缘子、导线、熔断器、开关设备及避雷器等，并使导线保持一定的间距。根据材料可分为木横担、铁横担和瓷横担，最常用的为铁横担。

4. 绝缘子

绝缘子用于固定导线并使导线与杆塔绝缘。架空线路常用的绝缘子有针式、蝶式、悬式及瓷横担等。

5. 拉线

拉线又叫扳线，用于加固电杆，由拉线钢绞线或镀锌铁线、紧线装置（花篮螺丝或 UT 型线夹）及地锚等几部分组成。

3.1.2　架空线路的敷设

架空线路的敷设包括测量和杆位复测、画线和挖坑、排杆、立杆、架线和紧线等工作程序。在本节只介绍放线、接线、架线、紧线和测量垂弧、导线的固定。

1. 放线

放线有拖放法和展放法两种。

放线时，要一条一条地放，不能使导线磨损和断股，不能有死弯。放线时可在电杆或横担上使用铝滑轮和木滑轮配合进行，可有效避免导线损伤或擦伤。

2. 接线

导线放完后，导线的断头都要连接起来。如果断头在跳线处，可用线夹进行连接；如果接头在其他位置，可用钳接等方法连接。导线连接的质量直接影响着导线的机械强度和导电质量。

（1）导线连接的一般要求

1）在每档距内每条导线只允许有一个接头。

2）导线接头位于针式绝缘子固定处的净距离不应小于 500 mm。

3）导线接头距耐张线夹之间的距离不宜小于 15 m。

4）架空线路跨越铁路、公路、电力线、电车道、通信线路（一、二线）及主要河流时，导线不允许有接头。

（2）导线连接的方法

由于导线的材料、线径大小和对连接的要求均不同，所以连接方法也各有不同，常用的连接方法有绞合连接、紧压连接及焊接等。连接前应小心地剥除导线连接部位的绝缘层，注意不可损伤其芯线。

下面介绍几种绞合连接的方式。绞合连接是指将需连接导线的芯线直接紧密绞合在一起。铜导线常用绞合连接。

1）单股铜导线的直接接法。

小截面单股铜导线的连接，首先剥除导线连接部位的绝缘层，将两导线的芯线线头做 X 形交叉，再将它们相互缠绕 2~3 圈后扳直两线头，然后将每个线头在另一芯线上紧贴密绕 5~6 圈后剪去多余线头即可，如图 3-3 所示。

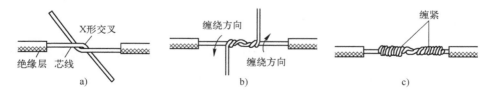

图 3-3　小截面单股铜导线直线连接

大截面单股铜导线的连接，首先剥除导线连接部位的绝缘层，并在两导线的芯线重叠处填入一根相同直径的芯线，再用一根截面约 1.5 mm² 的裸铜线在其上紧密缠绕，缠绕长度为导线直径的 10 倍左右，然后将被连接导线的芯线线头分别折回，再将两端的缠绕裸铜线继续缠绕 5~6 圈后剪去多余线头即可，如图 3-4 所示。

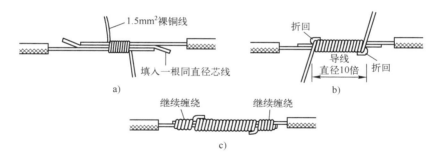

图 3-4　大截面单股铜导线直线连接

不同截面单股铜导线的连接，首先剥除导线连接部位的绝缘层，再将细导线的芯线在粗导线的芯线上紧密缠绕 5~6 圈，然后将粗导线芯线的线头折回紧压在缠绕层上，再用细导线芯线在其上继续缠绕 3~4 圈后剪去多余线头即可，如图 3-5 所示。

图 3-5　不同面单股铜导线直线连接

2）单股铜导线的分支接法。此种接法又分为 T 字形接法、缠卷接法和十字接法几种。单股铜导线的 T 字分支连接如图 3-6a 所示，首先剥除导线连接部位的绝缘层，再将支路芯线的线头紧密缠绕在干路芯线上 5~8 圈后剪去多余线头即可。对于较小截面的芯线，可先将支路芯线的线头在干路芯线上打一个环绕结，再紧密缠绕 5~8 圈后剪去多余线头即可，如图 3-6b 所示。

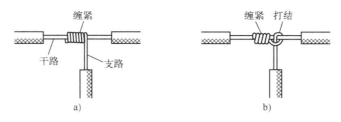

图 3-6　单股铜导线 T 字分支连接

单股铜导线的十字分支连接如图 3-7 所示，首先剥除导线连接部位的绝缘层，再将上下支路芯线的线头紧密缠绕在干路芯线上 5~8 圈后剪去多余线头即可。可以将上下支路芯线的线头向一个方向缠绕，如图 3-7a 所示，也可以向左右两个方向缠绕，如图 3-7b 所示。

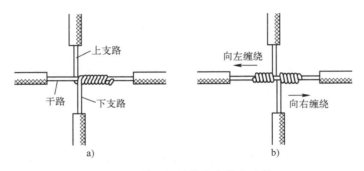

图 3-7 单股铜导线十字分支连接

3）多股铜导线的直线接法。此种接法分为单卷、复卷和缠卷三种。单卷也叫铰接法，适用于股线较粗的导线接头。此种方法绝缘层剥除长度为 40×绞线直径+60 mm。复卷法适用于股线较细的导线接头，绝缘层剥除长度为 20×绞线直径+30 mm。

具体操作方法是，先将剥去绝缘层的多股芯线拉直，将其靠近绝缘层的约 1/3 芯线绞合拧紧，将其余 2/3 芯线呈伞状散开，另一根需连接的导线芯线也如此处理。接着将两伞状芯线相对着互相插入后捏平芯线，然后将每一边的芯线线头分作 3 组，先将某一边的第 1 组线头翘起并紧密缠绕在芯线上，再将第 2 组线头翘起并紧密缠绕在芯线上，最后将第 3 组线头翘起并紧密缠绕在芯线上。以同样方法缠绕另一边的线头，如图 3-8 所示。

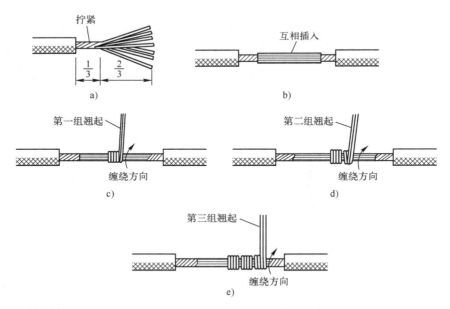

图 3-8 多股铜导线直线连接

复卷与单卷不同之处是中心线切去 3/5，插成一体后，将外层线一起缠完。缠绕法则是中心线切去长为绞线直径的 6 倍，插成一体后，将线并在一起，用另外的裸线缠紧密。

4）多股铜导线的分支接法。此种接法分为单卷、复卷和缠卷三种，单卷也叫铰接法，此种方法绝缘层剥除长度为

干线绝缘层剥除长度 = 15×分支线直径 + 15 mm

分支线绝缘层剥除长度 = 15×干线直径 + 30 mm

复卷与单卷不同的是，复卷不是单根缠绕，而是将每边所有的股线一起缠绕。此种接法和使用范围只限于受力很小的细绞线接头。如图3-9所示。

多股铜导线的T字分支连接有两种方法，一种方法如图3-9a所示，将支路芯线90°折弯后与干路芯线并行（图3-9a），然后将线头折回并紧密缠绕在芯线上即可（图3-9b）。

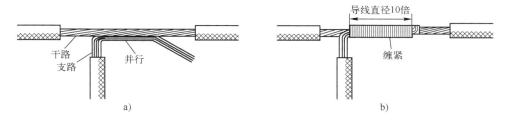

图3-9　多股铜导线T字分支连接（方法1）

另一种方法如图3-10所示，将支路芯线靠近绝缘层的约1/8芯线绞合拧紧，其余7/8芯线分为两组（图3-10a），一组插入干路芯线中，另一组放在干路芯线前面，并朝右边按图3-10b所示方向缠绕4~5圈。再将插入干路芯线中的那一组朝左边按图3-10c所示方向缠绕4~5圈，连接好的导线如图3-10d所示。

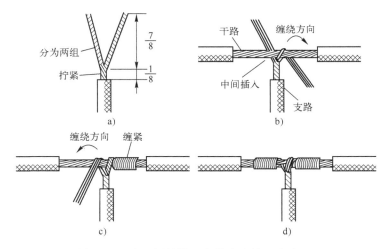

图3-10　多股铜导线T字分支连接（方法2）

5）线端连接法。在电线管工程和槽板工程中所有的分线盒、接线盒内，两导线在末端连接时应用线端连接法。因为所接线大小和种类不同，其连接方法分为单线接头、复股线

接头和不同直径导线接头等。当两根单线连接时，将两芯线互绞 5~6 圈再向后弯曲。如果多根导线连接时，用其中一根长线芯往其余线芯上缠绕 5~6 圈，然后把其余导线各向后弯，如图 3-11 所示。多股导线连接时，将两导线端芯线并在一起，另用绑线缠绕紧密，如图 3-12 所示。

图 3-11　单线端接头　　　　　　　　　　　　　　图 3-12　多股导线连接

3. 架线

架线即向电杆上吊装导线，一般采用绳吊法，也可在放线过程中使用滑轮直接完成，如图 3-13 所示。

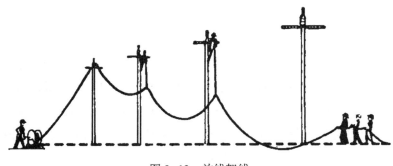

图 3-13　放线架线

4. 紧线和测量弧垂

紧线前，要检查导线放置情况，一般应置放于滑轮或绝缘子顶部沟槽中，禁止将导线放在横担上紧线。

5. 导线的固定

在低压和 10kV 高压架空线路上，一般采用绑扎法把导线固定在绝缘子上，绑扎方法应根据绝缘子形式和安装地点等因素进行选择，裸铝导线较软，绑扎前一般做保护层处理，用铝带包缠两层，包缠长度要在绑扎处两端各伸出 20mm。

3.2　电缆线路

电缆线路是利用电缆传送电能的电力线路，分为电力电缆和架空控制电缆两种线路，电力电缆线路比较常见，城市、工厂应用较多。其特点是电缆线路通常埋设在地底下，不易遭到外界的破坏和受环境影响，故障少，安全可靠。

3.2.1 电缆的结构、种类及选用

（1）结构

电缆主要由导线、绝缘层和保护层三部分组成，如图3-14所示。

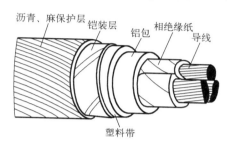

图3-14 电缆的结构

（2）电缆种类

1）以芯线分：有单芯和多芯的；有铝芯和铜芯的。

2）以绝缘分：有油浸绝缘、橡胶绝缘和塑料护套的。

3）以内护层分：有铅包的、铝包的、胶皮的和塑料护套。

4）以外护层分：有铠装的和无铠装的；铠装分为钢带铠装和钢丝铠装。

5）以封包结构分：有统包的、屏蔽型和分相铅包的。

（3）电缆选用

1）电缆的额定电压：应大于等于电力系统的额定电压。

2）电缆的埋设方式：直埋的选用铠装电缆，沟埋的可选用无铠装电缆。

3）电缆敷设的环境条件：直埋在有腐蚀性土壤中的，应采用涂有沥青包层的或有塑料护套层的电缆；垂直安装的、线路两端高度差较高的，应采用橡皮绝缘或塑料绝缘的电缆。

3.2.2 电缆的敷设

电缆敷设一般分为人工敷设和机械牵引敷设两种。

1）人工敷设：两组操作人员分在电缆沟两旁，抬着电缆盘沿敷设方向缓慢前进，将电缆渐渐放出线盘，落入沟底。也可采用把电缆盘搁在放线架上，用人工把电缆从盘中拉出，沿沟敷下的方法。人工敷设一般只适用规格较小的电缆。

2）机械牵引敷设：在电缆沟沟底，每隔2m左右放置一副滚轮，在电缆沟一端放设线架，在另一端放置卷扬机或绞盘，用卷扬机钢索与电缆系结，以每分钟8~10m的速度，把电缆从盘中拉出，落在滚轮上，放足长度后，撤除滚轮，电缆埋入沟内。电缆在沟底不应

敷得很直，应略有波浪形，电缆的实际长度应比沟长长出 0.5%~1%，使电缆在气温下降时能有收缩余地。多根电缆同沟敷设时，应先敷设规格最大的电缆，依次下沟，规格最小的最后下沟。

电缆中间接头时，必须采用专用的电缆接头盒。常用的电缆接头盒有铸铁的、铝的、铜的、塑料的和环氧树脂的等多种。由于环氧树脂电缆接线盒具有工艺简单、机械强度高、电气和密封性能好，以及价格低廉等优点，所以被推广采用。

3.2.3　电缆终端头的制作

电缆敷设完，其两端要剥出一定长度的线芯，以便分相与设备接线端子连接，这样，就需要用一只盒子将引出的线芯重新加以绝缘和密封，再把线芯接到电气设备上，这道工序就叫终端头制作。

制作电缆终端头是电缆施工最重要的一道工序，制作质量的好坏与电气设备的安全运行具有十分密切的关系。对于浸渍纸绝缘电缆，如果电缆头绝缘的密封不好，不仅会漏油，使电缆绝缘干枯，而且潮气会侵入电缆内部，使电缆绝缘性能降低。因此，在制作过程中，要严格按照操作规章施工。

电缆终端头的种类很多，按其使用的地点可分为室内和室外两大类。用在室内的终端头常见的有漏斗式、铅手套式、瓷导套式、塑料手套式、干包式、尼龙外壳式和环氧树脂式等。用在室外的终端头有生铁或钢板焊成的密闭式终端盒、环氧树脂终端盒及瓷外壳式终端盒等。下面主要介绍干包终端头的特点、制作方法和使用场所。

干包电缆终端头不用任何绝缘浇注剂，而是用软手套和聚氯乙烯带干包而成。它的特点是体积小，重量轻，制作过程简单，成本低廉，目前施工中应用较为普遍，尤其是 3kV 以下的电缆。由于干包终端头耐油压强度低，机械强度差，因此，这种终端头在使用上还受到一定限制，一般在高温车间、高差大的电缆的低端以及不允许拆修的场合不宜采用。

制作干包电缆终端头所用的主要材料有聚氯乙烯软手套、橡胶套管或塑料套管、聚氯乙烯绝缘带、黄蜡带（或浸渍玻璃纤维带）、尼龙绳、中性凡士林、接线端子（线鼻子）、硬脂酸和封铅等。

干包电缆终端头制作工艺如下。

1. 准备工作

1) 制作电缆头前，把所用的材料和工具备齐全，材料要符合质量要求，工具需要擦干净，保持清洁，按设计图样核对电缆型号及规格等。

2) 检查电缆是否受潮。可用清洁干净的工具，将统包绝缘纸撕下几条进行检验，检验的方法有以下三种。

① 用火柴点燃绝缘纸，若没有嘶嘶声或白色泡沫出现，则表明绝缘未受潮。

② 将绝缘纸放在 150~160℃ 的电缆油（如无电缆油可用 100 份变压器油及 25~30 份松香的混合剂代替）中，若无嘶嘶声或白色泡沫出现，表明绝缘未受潮。

③ 用钳子把导电线芯松开，浸到 150℃ 的电缆油（或前述变压器油及松香混合剂）中。如有潮气存在，则同样会看到白色泡沫或听到嘶嘶声。

经过检查，如发现有潮气存在，应逐步将受潮部分的电缆割除，一次割除量为多少由受潮程度决定。重复以上检验，直至没有潮气为止。

3）测量绝缘电阻。用绝缘电阻表测量线芯之间和线芯对地（线芯对铅包或铝包）的绝缘电阻。3 kV 及以下的电力电缆，可使用 1000 V 的绝缘电阻表，其测定值经换算到长度 1 km 和测量温度 20℃ 时，应不小于 50 MΩ。6~10 kV 的电力电缆，可使用 2500 V 的绝缘电阻表，其测定值换算到长度 1 km 和测量温度 20℃ 时，应不小于 100 MΩ。

换算公式为

$$R = a_t R_1 \, l/1000 \, (\text{M}\Omega/\text{km})$$

式中　a_t——绝缘电阻温度系数；

　　　R_1——被测电缆绝缘电阻测定值（MΩ）；

　　　l——被测电缆长度（m）。

4）核对相序，做好记号。按 A、B、C 三相分别在线芯上做好记号，应与电源相序一致。

2. 决定剥切尺寸

终端头的安装位置确定后，电缆外护层和铅〈铝〉包的剥切尺寸即可确定。干包型电缆终端头的剥切尺寸如图 3-15 所示。

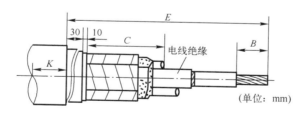

图 3-15　干包终端头剥切尺寸图

图中：K 为焊接地线尺寸。不分电缆的电压与截面大小，$K = 10~15\,\text{mm}$。

B 为预留铅〈铝〉包尺寸。$B = D_{\text{铅〈铝〉包外径}} + 60\,\text{mm}$。

C 为预留统包绝缘尺寸。3 kV 及以下时 $C = 25\,\text{mm}$。

E 为绝缘包扎长度。其视引出线的长度而定，但不应小于表 3-1 所列的数值。

表 3-1　绝缘包扎长度表

电压/kV	绝缘包扎长度 E/mm
1 kV 及以下	160
3	240

3. 剥切外护层

按照剥切尺寸，先在锯切钢带处做上记号，由此先在向下 100 mm 处的一段钢带上，用浸有汽油的抹布把沥青混合物擦净，再用砂布或锉刀打磨，使其表面显出金属光泽，涂上一层焊锡，放置接地线，并装上电缆钢带卡子。然后，在卡子的外边缘，沿电缆的周长用特殊刀锯在钢上锯出一个环形深痕，深度为钢带厚度的 2/3，如图 3-16 所示。但在锯割时勿伤及铅〈铝〉包。锯完后，用螺钉旋具在锯痕尖角处将钢带挑起，用钳子夹住，逆原缠绕方向把钢带撕下。再用同样的方法剥去第二层钢带。两层钢带撕下后，用锉刀修饰钢带切口使其圆滑无刺。

当剥除内衬时，可先用喷灯稍微烘热电缆，使沥青软化。然后用刀割下黄麻，下刀的方向应向外，使黄麻割断时刀口不至于伤及铅〈铝〉包，如图 3-17 所示。但用喷灯烘热金属护套表面的沥青等复合物时，要注意温度不能过高，否则会烧坏内部绝缘纸。

图 3-16　锯切钢带

图 3-17　割除电缆黄麻

4. 焊接地线

地线应采用多股裸铜线，其截面积不应小于 10 mm²，长度按实际需要而定。地线与钢带焊接，焊点可选在两道卡箍之间，并焊牢。先将地线分股排列贴在铅〈铝〉包上，再用 $\phi 1.4$ mm 的铜线绕 3 圈扎紧，割去余线，留出部分向下弯曲，并轻轻敲平，使地线紧贴扎线，再进行焊接。焊接时，铅〈铝〉包预先要用喷灯烘热，涂硬脂酸去污，接着用喷灯火焰对准焊料，使其变软后涂擦或滴落在焊接处，再将逐渐堆积起来的焊料加热变软，用浸有硬脂酸的抹布将软化了的焊料抹光抹圆。电缆线芯截面积在 70 mm² 以下用点焊，70 mm² 以上用环焊。点焊的大小为长 15~20 mm，宽 20 mm 的椭圆形，各股铜线均须与铅〈铝〉包焊牢。环焊的大小，从第一道卡扣向里 20~25 mm 焊成圆形，焊好后看不见扎线、地线及钢带切口，焊点应牢固光滑。焊接时，速度要块，时间不宜过长，以免损伤电缆内部绝缘纸。

5. 剥切电缆金属护套

按照剥切尺寸，先在铅〈铝〉包切断的地方用电工刀切一环形深痕，再顺着电缆轴向在铅〈铝〉包上刻切两道直线深痕，其间距约为 10 mm，深度为铅〈铝〉皮厚度的 1/2，不能切透，否则会割伤电缆内部的绝缘层。随后，从电缆顶端起，把两道深痕间的铅〈铝〉皮用螺钉旋具撬起，用钳子夹住铅〈铝〉皮条往下撕，如图 3-18 所示，当撕至下面环行深痕处时，细心地将铅〈铝〉皮条折断，再用手将铅〈铝〉皮剥掉，如图 3-19 所示。

图 3-18　在切痕之间剥去铅〈铝〉包皮条　　　图 3-19　剥去铅〈铝〉包皮条

剥完铅〈铝〉皮后，用胀口器把铅包胀成喇叭口，胀口时用力要均匀，以防胀裂，喇叭口要胀得圆滑、规整和对称，其直径约为铅〈铝〉包直径的 1.2 倍，铝包因比较硬，胀喇叭口较困难，略微胀开一些即可。

6. 剥除统包绝缘和线芯绝缘纸

先剥去统包绝缘，剥到铅〈铝〉包喇叭口下面 1~2 mm 处为止。然后用聚氯乙烯带包缠留下的统包绝缘部分，包缠层数以填平喇叭口为准，最后包 1~2 层塑料胶粘带。绝缘带包缠好之后，将统包绝缘纸自上而下松开，沿已包缠的绝缘带整齐地撕掉（禁止用刀子切割），再用手将线芯缓慢地分开，割去线芯间的填充物，切割时，刀口应向外，以免割伤线芯绝缘纸。然后用抹布蘸汽油将线芯纸表面的电缆油擦干净。擦时应顺者绝缘纸的包绕方向，以免绝缘纸松开。最后用电工刀切除末端部分的线芯绝缘纸，剥切长度按照所用接线端子（线鼻子）的孔深度加 5 mm。

7. 包缠线芯绝缘

从线芯分叉口根部开始，用聚氯乙烯带在线芯上包缠 1~3 层，层数以使橡胶管（或塑料管）能较紧地套在上面为宜，不致使线芯与橡胶管（或塑料管）间产生空气空隙。包缠时可顺绝缘纸的包缠方向，以半搭盖方式向上包缠，拉紧带子，使松紧程度一致，不应有打折、扭皱现象。

8. 包缠内包层

分开线芯后，在喇叭口和统包绝缘处出现了空隙，外形凹凸不平，内包层的作用就是将该部分空隙填满，并将凹凸处填平。方法是先在线芯分叉口处填以环氧氯酰胺腻子，然后压入第一个"风车"，如图 3-20 所示，环氧氯酰胺腻子用量以压入第一个"风车"时分叉口无空隙为准。"风车"用宽 10 mm 的聚氯乙烯带制成，如图 3-21 所示。压入第一个"风车"后，接着用聚氯乙烯带包缠内包层，如图 3-22 所示。在内包层即将完成时压入第二个"风车"，"风车"的聚氯乙烯带宽度为 15～20 mm。一般压入"风车"数不应少于两个。"风车"压入后，应向下勒紧，使"风车"带均衡分散，摆置平整，带边不能起皱，层间无空隙。

图 3-20　分叉口压入"风车"

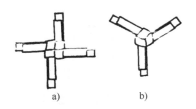

图 3-21　用聚氯乙烯带制成的"风车"

a）四芯电缆用　b）三芯电缆用

图 3-22　包缠内包层

9. 套入聚氯乙烯手套

内包层缠完后，在内包层末端下面 20 mm 以内的一段铅〈铝〉包上，用蘸汽油抹布擦净，待汽油挥发干以后，在该段铅〈铝〉包上，用塑料胶粘带进行包缠，包缠到外径比软手套袖口内径稍大一些为止。然后在线芯上刷一层薄薄的中性凡士林或干净的汽油，也可把软手套在变压器油中浸一下，以起润滑的作用。套软手套时，先将线芯并紧，使线芯同时插入手套的手指内，然后将手套徐徐向下勒，用力不能太猛，以防弄破，手套一定要与内包层贴紧。

套入软手套后，用聚氯乙烯带和塑料胶粘带包缠手套的手指部分，包缠从手指根部开始，至高出手指口约 10 mm 为止，塑料胶粘带包在最外层，手指根部共缠四层，手指口共缠两层，缠成一个锥形体，如图 3-23 所示。

10. 套入橡胶管（或塑料管）

软手套的手指包缠好后，接着在线芯上套入橡胶管。橡胶管内径面的选择可参照表 3-2。

图 3-23　包缠手套手指

表 3-2　耐油橡胶管内径面选择表

额定电压/kV	电缆线芯截面/mm²												
	2.5	4	6	10	16	25	35	50	70	95	120	150	185	240
1	4	4	5	5	6	9	10	11	13	15	17	18	20	23
3		4	5	7	8	10	11	13	14	16	18	19	21	24

在软手套套入后,在手套的手指包缠处以及线芯包缠部分,均应视实际情况适当增加包缠层数,使橡胶管套入后能较紧地贴在线芯上。橡胶管长度为线芯长度加 80～100 mm,其一端剪成 45°的斜口,内外拐壁用蘸汽油抹布擦干净后,将有斜口的一端向下套入线芯,一直套到手套的手指根部为止。橡胶管套好后,将上口翻边,其长度等于接线端子(线鼻子)下段长度,并拆除裸导线上的临时包扎带。

如果没有橡胶管,也可用塑料管套入,塑料管内径可参照表 3-3。

表 3-3　塑料管选择内径表

额定电压/kV	电缆线芯截面/mm²								
	16	25	35	50	70	95	120	150	185	240
1		9	9	11	13	15	17	19	21	23
3		9	11	13	15	15	17	19	21	23

塑料管长度同样为线芯长度加 80～100 mm,其一端削成 45°的斜口。套塑料管可按下列步骤操作。

1)预热。用电炉或烘箱将塑料管直接烤热,温度为 70～80℃,也可用 100～120℃的变压器油加入管内直接预热,以使管子软化,增加弹性。

2)套入塑料管。套管时,塑料管平口的一端用钳子夹住,由另一端注入变压器油,约灌到塑料管 2/3 处,然后对准线芯冲滑几次,并趁热迅速套至手套手指根部。套入后,松开钳子,放尽剩油,并把管内残油用手挤压排出,使管的内壁与包带间紧贴密实,不留空隙,无折皱现象,套入后,管口的翻边等与橡胶管做法相同。

11. 安装接线端子

安装接线端子前需绑扎尼龙绳,在手指与橡胶管(或塑料管)搭接部分,用塑料胶粘带包缠 2～3 层,再用直径 1～1.5 mm 的尼龙绳绑扎,绑扎长度不小于 30 mm,其中越过搭接处两端各为 5 mm。绑扎时，尼龙绳要用力拉紧，不能使套管转动，每匝尼龙绳间应紧密相靠，不能有交错重叠。

手指内套管搭接部分绑扎好后，接着绑扎手套根部。绑扎时，先用手从上到下捏紧手套，排出手套内部空气，然后在软手套根部以下 10 mm 及软手套根部 20~30 mm 范围内，包缠 2~3 层塑料胶粘带，再用尼龙绳在塑料胶粘带包缠层上进行绑扎，如图 3-24 所示。

安装接线端子时，铜芯电缆可采用焊接或压接，铝芯采用压接。

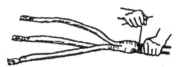

图 3-24　用尼龙绳绑扎手套根部

接线端子装好后，用聚氯乙烯带将导线裸露部分包缠填实，接线端子上的压坑也同样予以填实。然后把原来卷起的套管翻上去，翻至露出的接线端子圆柱部分 20~25 mm 处为止，将多余的套管割弃。接着用汽油把露出的接线端子圆柱部分的表面擦干净，待汽油挥发干以后，在该圆柱部分以及套管与接线端子搭接部分包缠塑料胶粘带。包缠时，首先包缠露出的圆柱部分，当包到与套管外径相平时，再整体包缠，以半搭盖方式缠 2~3 层。最后用尼龙绳在塑料胶粘带包缠处进行绑扎，但两端各留出 5 mm，以防止尼龙绳滑脱。

12. 包缠外包层

包缠外包层可先从线芯分叉口处开始，在套管外面用醇酸玻璃纤维带或黄蜡带包缠加固层，一般包缠两层，在手套的分叉口处，先后压入 3~4 个聚氯乙烯带制成的"风车"，用力勒紧填实分叉口的空隙。包缠时先使用聚氯乙烯带，后使用醇酸玻璃纤维或黄蜡带，对于 1~3 kV 的电缆，可全部用醇酸玻璃纤维或黄蜡带一直包到成型为止。电缆终端头结构尺寸如图 3-25 和表 3-4 所示。

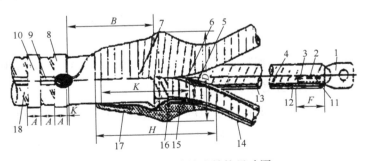

图 3-25　电缆终端头结构尺寸图

1—线鼻子　2—压坑内填以环氧-聚酰胺腻子（或聚氯乙烯带）　3—导电线芯　4—耐油橡胶管或聚氯乙烯管　5—线芯绝缘　6—环氧-聚酰胺腻子　7—铅〈铝〉包　8—接地线封头　9—接地线　10—电缆钢带卡子　11—尼龙绳绑带　12—聚氯乙烯带　13—玻璃漆布带或黄蜡带加固层　14—相色塑料胶粘带　15—聚氯乙烯带内包层　16—聚氯乙烯带及玻璃漆布带或聚氯乙烯带及黄蜡带外包层　17—聚氯乙烯软手套　18—电缆钢带

表 3-4 干包电缆终端头结构尺寸

A	电缆钢带卡子及卡子间尺寸	A = 电缆本身钢带宽度
K	焊接地线位置	K = 10~15 mm
B	预留铅〈铝〉包尺寸	B = 电缆铅包直径 + 60 mm
d	内包层最大直径	d = 电缆铅包直径 + (8~12) mm
h	内包层高度	1~3 kV, h = D + 50 mm
D	外包层最大直径	1~3 kV, D = 电缆铅包直径 + 25 mm
H	外包层高度	1~3 kV, H = D + 90 mm
F	芯线纸绝缘剥切长度	F = 线鼻孔深度 + 5 mm

电缆头成型后，按照已定相位，在线芯上分别包一层与相线纸绝缘同样颜色的塑料胶粘带，以区别相位，外面再包一层透明聚氯乙烯带，最后按设备接线位置弯好线芯。最后对电缆头进行直流耐压实验和泄漏电流测定，合格后将其接到设备上。

第4章 室内配线

本章主要介绍室内配线的基本常识及常见的配线方法，包含室内配线、槽板配线、线管配线、电缆敷设、安全用电基本常识等方面的知识，内容来源于安装实践。

4.1 室内配线的基础知识

4.1.1 室内配线的类型和敷设方式

（1）室内配线的类型

室内配线是为用电设备敷设供电和控制线路，有明敷和暗敷两种类型。明敷是将导线沿墙壁、天花板或横梁等表面敷设；暗敷是将导线穿管埋设于墙内、地下或顶棚内。一段线路只能包含有两种敷设类型。

（2）室内配线的敷设方式

敷设方式有低压绝缘子明敷、穿管明敷、穿管暗敷、槽板及线槽敷设、瓷夹敷设、钢索敷设和护套线明敷等，最常用的为穿管敷设和护套线明敷。常见的几种低压配线的敷设方式如图4-1所示。

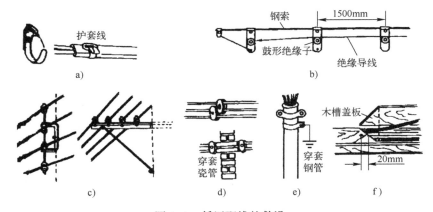

图4-1 低压配线的敷设

a）金属轧片敷设 b）钢索敷设 c）沿墙支架敷设 d）瓷夹敷设 e）穿管敷设 f）槽板敷设

4.1.2　室内配线的技术要求

室内配线的技术要求如下。

1）室内配线要求布置合理，符合相关的规程。

2）导线的额定电压要大于线路的工作电压。照明线与动力线要分开敷设。导线的截面要满足线路额定电流的要求。一般选用绝缘导线敷设。

3）配线线路中避免出现导线接头，穿管敷设不许有接头。若必须有时，应采用压接或焊接，并把接头放在接线盒内。

4）水平敷设导线距地面不低于 2.5 m，垂直敷设导线距地面不低于 1.8 m。

5）严禁利用地线作为中性线使用。

6）导线穿过楼板时应穿钢管，长度为楼板厚度加上 2 m；穿墙后过墙部分应穿过瓷管或塑料管，在墙外部分应有向下的弯头防止雨水流入。

7）导线交叉时，在交叉部位应套上塑料管，以免碰线。

8）导线敷设时应按规定与其他管线隔开一定的距离。

9）在线路的分支处或导线截面减小的地方均安装熔断器。

4.1.3　室内布线的主要工序

室内布线的主要工序如下。

1）定位。按施工图的要求，在建筑物上确定电器（照明灯具、插座、开关、配电箱和起动设备等）的安装位置。

2）画线。根据建筑物的结构确定导线敷设的路径及穿墙的位置。

3）在土建抹灰前，将配线所有的固定点打好孔眼，预定埋好木砖或膨胀螺栓的套管。

4）装设绝缘支持物、线夹或管子。

5）敷设导线。

6）将导线连接、分支和封端，并将导线的出线端与灯具、插座、开关或配电箱设备连接。

4.2　槽板配线

槽板配线是将绝缘导线敷设于槽板内（上部用盖板将线盖住）。它适用于干燥房间内的明配线路。常用的槽板有木槽板和塑料槽板，线槽有双线和三线之分，如图4-2所示。木槽板和塑料槽板的安装方法相同，但敷设塑料槽板的环境温度不应低于−15℃。槽板配线施工应在土建抹灰干透之后进行。

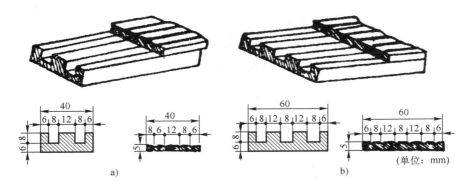

图4-2　槽板外形尺寸图

a）二线槽板　b）三线槽板

4.2.1　槽板配线的准备

槽板配线准备工作的定位、画线、预埋保护管等与夹板配线相同，为使线路安装整齐、美观，槽板应紧贴在建筑物的表面，并尽量沿房屋的线脚、墙角及横梁等敷设，要与建筑物的线条平行或垂直。

4.2.2　槽板的安装

1. 槽板的拼接

拼接槽板时，应将平直的槽板用于明显处，弯曲不平的用于较隐蔽处。其拼接方法有三种。

（1）对接

槽板对接时，底板和盖板均应锯成45°角的斜口进行连接，如图4-3所示。拼接要紧密，底板的线槽要对齐、对正；底板的接口应错开。

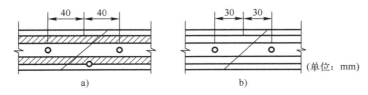

图4-3　槽板对接图

a）底板对接　b）盖板对接

（2）拐角的连接

连接槽板拐角时，应把两根槽板的端部锯成45°角的斜口，并把拐角处的线槽内侧削成圆弧形，以利于布线和避免碰伤导线，如图4-4所示。

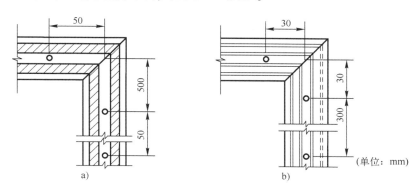

图4-4 槽板拐角连接图

a）底板拐角 b）盖板拐角

（3）分支拼接

槽板分支T形拼接时，应在拼接点上把底板的筋用锯子锯掉铲平，使导线在线槽中能宽畅通过，如图4-5所示。

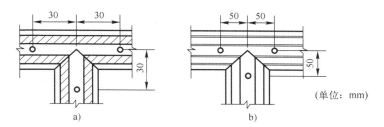

图4-5 槽板分支T形拼接图

a）底板拼接 b）盖板拼接

2. 槽板的固定

槽板的拼接和固定，一般应同时进行。

（1）在砖和混凝土结构上固定

按照确定的敷设路线将槽板底板用钉子钉在预埋的木条上。在混凝土结构上，可使用塑料胀管固定。抹灰层允许时，可用铁钉直接固定。中间固定点间距不应大于500 mm，且要均匀；起点或终点端的固定点在距起点或终点30 mm处固定。三线槽板应用双钉交错固定。

（2）在板条和顶棚上固定

在板条和顶棚上固定时，应将底板直接用铁钉固定在龙骨上或龙骨间的板条上。

4.2.3 敷设导线、固定盖板和配线要求

1. 敷设导线

槽板底板安装以后，即可按下列要求进行敷线。

1）为便于检修，所敷设线路应以一支路用一根槽板为原则。

2）敷设导线时槽内导线不应受到挤压，在槽内不允许有接头，必要时要装设接线盒。

3）当导线在灯头、开关、插座及接头等处时，一般应留有 100 mm 的余量，在配电箱处则应按实际需要留有足够的长度，以便连接设备。

4）槽板配线不宜直接与电器连接，应通过木台类的底座再与电器相连。

2. 固定盖板

固定盖板应与敷设导线同时进行，边敷线边将盖板固定在底板上。固定的木螺钉或铁钉要垂直，防止因偏斜而碰触导线。固定底板螺钉位置如图 4-6 所给数据位置安放，其固定方法如图 4-6a 所示。槽板在终端处的安装方法如图 4-6b 所示，底板锯成斜口，盖板按底板斜度折覆固定。

3. 配线要求

配线要求如下。

1）槽板应干燥无节、无裂缝。

2）槽板不应设置在顶棚和墙壁内。

3）槽板伸入木台的距离应在 5 mm 左右，如图 4-6c 所示。

4）槽板和绝缘子配线的接续处，由槽板端部起 300 mm 以内的地方应装设绝缘子固定导线。

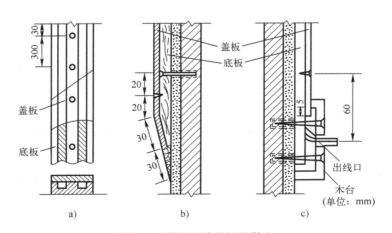

图 4-6　槽板配线盖板的做法

a）盖板的固定　b）槽板封端做法　c）进入木台做法

4.2.4 槽板配线操作练习

（1）材料

槽板一根，灯头一个，插座一个，拉线开关一个，导线 2.5 m，木螺钉若干，木台三个。

（2）做法

按图 4-7 所示尺寸，先把槽板底、木台固定好，同时把线也布置好，从木台穿出的线要留 100 mm 的余量线头，插座分支接头要在槽板外连接，槽板的盖在这个分支接头处的干线板要钻四个孔，两个孔之间隔 50 mm，分支板要钻两个孔，孔距离干线板中心 50 mm。最后固定盖板，但分支接头处的电线要留在外边做接头。

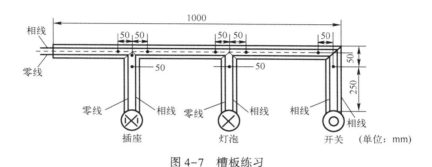

图 4-7 槽板练习

4.3 护套线的敷设

护套线是一种具有塑料护层的双芯或多芯绝缘导线，它具有防潮、耐酸和防腐蚀等性能。护套线可直接敷设在空心楼板内和建筑物的表面，用线卡作为导线的支持物。

护套线敷设的施工方法简单，线路整齐美观，造价低廉，目前已逐渐替代夹板、槽板和鼓形绝缘子在建筑内表面的明设线路。但护套线不宜直接埋入抹灰层内暗配敷设，并不得在室外露天场所明配敷设。

4.3.1 准备工作

护套线敷设的定位、画线以及埋设保护管等准备工作均与前述方法相同，只是护套线支承点的间距应为 150~200 mm，其他各种情况的固定距离为 50~100 mm。如图 4-8 所示。

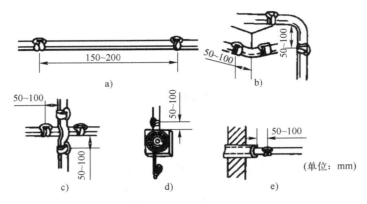

图 4-8　护套支承点的位置

a) 直线间距　b) 转角间距　c) 十字交叉　d) 进入开关　e) 进入管子

4.3.2　固定铝线卡

在有抹灰层的墙上或木结构上，可用鞋钉或小铁钉直接将铝线卡钉牢（勿使钉帽突出，以免划伤导线外护套）。在混凝土或钢结构上敷设时，可采用环氧树脂粘结铝线卡，其方法与粘结夹板相同。粘结部位如图 4-9 所示。

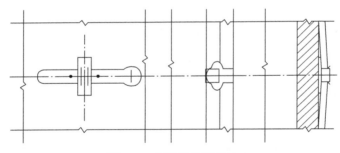

图 4-9　铝线粘结固定法

固定护套线时一般采用铝线卡。其规格用 0、1、2、3、4 号等表示（号码越大，长度越长），可按导线根数和规格选用。

4.3.3　导线的敷设和要求

1. 导线的敷设

（1）放线

放线工作是保证护套线敷设质量的重要环节，因此导线不能拉乱，不可使导线产生扭曲现象。在放线时需两人合作，一人把整盘线套入手中，另一人将线头向前直拉。放出的导线不得在地上拖拉，以免损伤护套层。若线路较短，为便于施工，可按实际长度并留有一定的余量地将导线剪断。

（2）直敷

为使线路整齐美观，应将导线敷成横平竖直。敷设时，一手持导线，另一手将导线固定在线卡上，如图 4-10a 所示。如线路较长或有数根护套线平行敷设时，可先用夹板将收紧的护套夹入夹板中临时固定，如图 4-10b 所示。然后将导线逐根扭平扎牢，最后用手或木锤轻轻拍平，使其与墙面紧贴。垂直敷设时为便于操作，应自上而下进行。线卡夹持护套线的操作如图 4-11 所示。敷设中应边操作边检查，及时纠正偏斜扭曲。

图 4-10　护套线的收紧方法

a）长距离　b）短距离

图 4-11　线卡夹护套线的操作

（3）弯敷

护套线在同一墙面转弯时，必须保持互相垂直，弯曲导线均匀，弯曲半径不应小于护套线宽度的 3~6 倍。

2. 护套线的敷设要求

护套线的敷设要求如下。

1）护套线的接头应在开关、灯头盒和插座等外，必要时可装设接线盒，以求得整齐美观。

2）导线穿越墙壁和楼板时（或在易受机械外力的场所），应穿保护管，其突出部分与墙面距离为 3~10 mm。

3）与各种管道紧贴交叉时，也应加装保护管。

4）当护套线直接暗设在楼板孔内时，应将板孔内清除干净，中间不允许有接头。

4.4　线管配线

将绝缘导线穿在管内敷设，称为线管配线。这种配线方式适用于照明线路和动力线路配线，比较安全可靠，优点包括：导线在管内受到保护，可避免多尘环境的影响、腐蚀性气体的侵蚀和机械损伤；导线发生故障时不易外传，提高了供电的可靠性；施工穿线和维修换线方便。线管配线有两种敷设方式：将线管直接敷设在墙上或其他明路处，称为明管配线（明设）；把线管埋设在墙、楼板或地坪内及其他看不见的地方，称为暗管配线（暗设）。

在工业厂房中，多采用明管配线。在易燃易爆等危险场所必须采用明管配线。明设线管要做到横平竖直，整齐美观。在宾馆饭店、文教设施等场所宜采用暗管配线。

4.4.1 线管的敷设

1. 明配线管

明配线管的一般步骤如下。

1）确定电器与设备（如配电箱、开关、插座、灯头）的位置。

2）画出管路走向的中心线和管路交叉位置。

3）埋设木棒或其他预埋件和紧固件。

4）测量管线的实际长度（包括弯曲部位）。

5）将线管按照建筑物的结构形状进行弯曲。

6）根据实测长度进行切断（最好是先弯管再切端，这样容易掌握尺寸）。

7）对需螺纹连接的部位绞制螺纹。

8）将管子、接线盒等连接成整体或部分整体进行安装。

9）固定线管，固定间距应符合表4-1的规定，且要均匀设置。

10）线管接地。

表4-1　明配线管敷设固定线管最大允许间距

敷设方式	钢管名称	钢管直径/mm			
		15~20	25~30	40~50	65~100
		最大允许间距/m			
吊架、支架或沿墙敷设	厚壁钢管	1.5	2.0	2.5	3.5
	薄壁钢管	1.0	1.0	2.0	—

2. 暗配线管

暗配线管的一般步骤如下。

1）确定各类电气设备的安装位置。

2）测量线管的实际长度。

3）配管加工（选材、弯管、锯管和套丝）。

4）进行管间及管盒的连接，并穿入引线钢丝。

5）将箱、盒、管连接成整体或部分整体固定预埋在墙壁、钢筋或模板上（也可在墙壁上剔槽埋设）。

6）连接管间和管箱间的跨接地线，使金属外壳连成一体。

7）管口均堵上木塞，盒内填满废纸或木屑，防止水泥砂浆和杂物进入。

8）检查有无遗漏和错误。

4.4.2 其他敷设要求

1. 多根导线同穿一根管的要求

不同电压回路的导线，在一般情况下不应穿入同一根管内，但下列情况除外。

1）供电电压为 65 V 及以下的电路。

2）同一设备的主电路和无抗干扰要求的控制电路。

3）照明灯的所有回路。

4）同类照明的几个回路（但管内导线总根数不应超过 8 根）。

2. 硬塑料管的敷设要求

硬塑料管与金属管的敷设要求基本相同，但硬塑料管敷设还有以下特殊要求。

1）硬塑料管敷设在易受机械损伤的场所（如明设穿越楼板、地坪出线端等）时，应采用套管保护。

2）当硬塑料管与蒸气管道平行敷设时，管间净距不应小于 500 mm。

第 5 章 照 明 装 置

照明装置是照明用电光源所需的电气装置，包括灯具、开关、插座等。照明装置的安装与维修是电工所必备的技能。

5.1 照明装置的基本知识

5.1.1 电光源的分类

产生电光源的方法很多，目前最常用的有白炽体发光和紫外线激励荧光物质发光两种。提供电光源的器具习惯上称电灯。

常用电灯种类及应用场所见表 5-1。

表 5-1 常用电灯的种类及应用

类别	特　点	应用场所
白炽灯	1）构造简单，使用可靠，价格低廉，装修方便，光色柔和 2）发光效率较低，使用寿命较短（一般仅 1000 h）	各种场所
碘钨灯（卤素灯）	1）发光效率比白炽灯高 30% 左右，构造简单，使用可靠，光色好，体积小，装修方便 2）灯管必须水平安装（倾斜度不可大于 4°），灯管温度高（管壁可达 500℃~700℃）	广场、体育场、游泳池、工矿企业的车间、工地、仓库、堆场、门灯，以及建筑工地和田间作业等场所
荧光灯	1）发光效率比白炽灯高 4 倍左右，寿命长（比白炽灯长 2~3 倍），光色较好 2）功率因数低（仅 0.5 左右），附件多，故障率较白炽灯高	办公室、会议室和商店等场所
高压汞灯	1）发光效率高，约是白炽灯的 3 倍，耐震耐热性能好，寿命是白炽灯的 2.5~5 倍 2）启动时间长，适应电压波动性能差（电压下降 5% 可能会引起自熄）	广场、大型车间、车站、码头、街道、露天工场、门灯和仓库等场所
钠灯	1）发光效率高，耐震性能好，寿命长（比白炽灯长 10 倍以上），光线穿透性强 2）辨色性能差	街道、堆场、车站和码头等，尤其适用于露天多灰尘的场所，作为一般照明使用

类别	特　点	应用场所
镝灯，钠灯 （金属卤化物灯）	1）发光效率高，辨色性能较好 2）属强光性，若安装不妥易发生眩光和较强的紫外线辐射	适用于大面积高照度的场所，如体育场、游泳池、广场、建筑工地等

5.1.2　照明的分类

根据照明方式和实际需要，可分为一般照明、局部照明、混合照明、生活照明、工作照明及事故照明。

（1）一般照明

一般照明是指在一定范围内照度基本均匀的照明方式。

（2）局部照明

局部照明仅限于工作部位或移动的照明方式。如机床上的工作灯、台灯等。

（3）混合照明

混合照明由一般照明和局部照明共同组成。采用混合照明的有普通冷加工车间、维修工作岗位等。

（4）生活照明

生活照明属于一般照明，对照度要求不高。

（5）工作照明

工作照明指从事生产、工作、值班、警卫及学习时所需的照明，要求有足够的照度。

（6）事故照明

当正常照明因故障中断时，供事故情况下继续工作或人员安全疏散的照明。如医院急救和手术用照明，剧院、会场、工地用照明等。

5.2　照明用具的选择与安装

照明用具的种类较多，常用的有灯具、灯座、开关、插座及挂线盒等。

5.2.1　照明用具的选择

照明常用的灯座、开关、插座及挂线盒等器件称为照明附件。

1. 灯座

灯座的作用是固定灯泡（或灯管）并供给电源。按其结构形式分为螺口和卡口（插口）灯座；按其安装方式分为吊式灯座（俗称灯头）、平灯座和管式灯座；按其外壳材料分为胶木、瓷制和金属灯座；按其用途分为普通灯座、防水灯座、安全灯座和多用灯座等。常用灯座如图5-1所示。

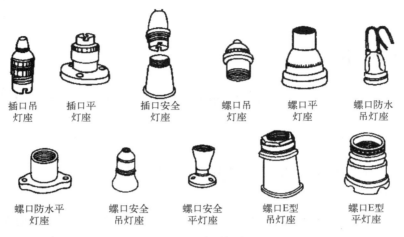

插口吊灯座　插口平灯座　插口安全灯座　螺口吊灯座　螺口平灯座　螺口防水吊灯座

螺口防水平灯座　螺口安全吊灯座　螺口安全平灯座　螺口E型吊灯座　螺口E型平灯座

图5-1　常用灯座

2. 开关

开关的作用是接通或断开照明灯具的器件。根据安装形式分为明装式和暗装式；明装式有拉线开关、扳把开关等，暗装式多采用扳把开关；按其结构分为单极开关、双极开关、三极开关、单控开关、双控开关、多控开关以及旋转开关等。常用开关如图5-2所示。

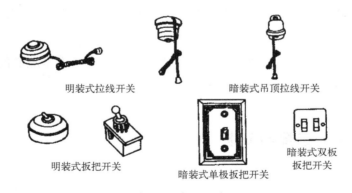

明装式拉线开关　　　　　暗装式吊顶拉线开关

明装式扳把开关　　暗装式单极扳把开关　　暗装式双板扳把开关

图5-2　常用开关

3. 插座

插座的作用是为移动式照明电器、家用电器或其他用电设备提供电源。它连接方便、灵活多用，有明装和暗装之分，按其结构可分为单相双极双孔、单相三极三孔（有一极为保护接地或接零）和三相四极四孔插座等。常用插座如图5-3所示。

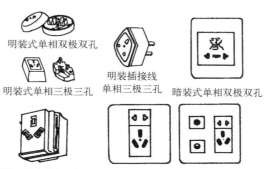

图 5-3 常用插座

4. 挂线盒

挂线盒（或吊线盒）的作用是用来悬挂吊灯或连接线路的，一般有塑料和瓷制两种。

5.2.2 照明用具的安装

1. 一般要求

1）灯具的安装高度。室内一般不低于 2.4 m，室外一般不低于 3 m。如遇特殊情况难以达到上述要求时，可采取相应的保护措施或改用 36 V 安全电压供电。

2）灯具导线。照明灯具使用的导线电压等级不应低于交流 500 V。其导线线芯最小截面积应符合表 5-2 的规定

表 5-2　导线线芯最小截面积　　　　　　　　　　　（单位：mm²）

灯具安装场所及用途		线芯最小截面积	
		铜芯软线	铜线
灯头线	民用建筑室内	0.5	0.5
	工业建筑室内	0.5	1.0
	室外	1.0	1.0

3）室内照明开关一般安装在门边便于操作的位置上。拉线开关安装的高度一般离地 2~3 m，当室内净高低于 3 m 时，拉线开关可安装在距天花板 0.2~0.3 m 处。扳把开关或跷板式开关离地面高度应不低于 1.3 m。拉线开关、扳把开关或跷板式开关与门框距离一般为 150~200 mm 为宜，如图 5-4 所示。

4）明插座的安装高度一般离地 1.4 m，在托儿所、幼儿园、小学及民用住宅插座的高度不应低于 1.8 m，暗插座一般离地 0.3 m。同一场所插座高度尽量一致，其高度差一般不应大于 5 mm，成排安装的插座高度差不应大于 2 mm。

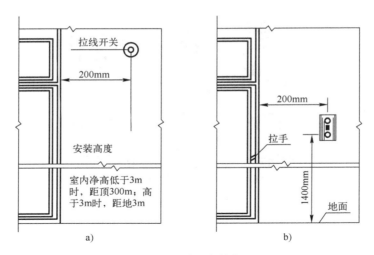

图 5-4　开关的安装位置

a）拉线开关位置　b）扳把（翘板式）开关位置

5）固定灯具需用接线盒及木台等配件。安装木台前应预埋木台固定件或采用膨胀螺栓。安装时，应先按照器具安装位置钻孔，并锯好线槽（明配线时），然后将导线从木台出线孔穿出后，再固定木台，最后安装挂线盒或灯具。

6）采用螺口灯座时，应将相线接入螺口内的中心弹簧片上，零线接入螺旋部分，如图 5-5a 所示。当采用双芯绵织绝缘线（俗称花线）时，其中有色花线应接相线，无花单色导线接零线。导线在吊盒内应结扣（图 5-5b）。

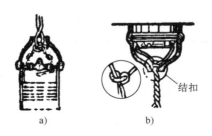

图 5-5　灯头接线、导线接线和导线结扣

a）灯头接线　b）导线结扣做法

7）吊灯灯具超过一定重量时，应预埋吊钩或螺栓，其一般做法如图 5-6 和图 5-7 所示，软线吊灯的重量限于 1kg 以下，超过应加装吊链。灯具承载件（膨胀螺栓）的埋设可参照表 5-3 进行选择。

8）吸顶灯具暗装采用木制底台时，应在灯具与底台之间铺垫石棉或石棉布。荧光灯暗装时，其附件装设位置应便于维护检修，其镇流器应该做好防水隔热处理和防止绝缘油溢流措施。

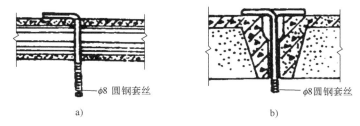

图 5-6　预制楼板埋设吊挂螺栓

a) 空心楼板吊挂螺栓　b) 沿预制板缝吊挂螺栓

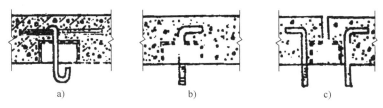

图 5-7　现浇楼板预埋吊钩和螺栓

a) 吊钩　b) 单螺栓　c) 双螺栓

表 5-3　膨胀螺栓固定承装荷载表

胀管类别	规格/mm						承装荷载容许拉力/(×10N)	承装荷载容许剪力/(×10N)
	胀管		螺钉或沉头螺栓		钻孔			
	外径	长度	直径	长度	直径	深度		
塑料胀管	6	30	3.5	按	7	35	11	7
	7	40	3.5	需	8	45	13	8
	8	45	4.0	要	9	50	15	10
	9	50	4.0	选	10	55	18	12
	10	60	5.0	择	11	65	20	14
沉头式胀管（膨胀螺栓）	10	35	6	按	10.5	40	240	160
	12	45	8	需	12.5	50	440	200
	14	55	10	要	14.5	60	700	470
	18	65	12	选	19.0	70	1030	690
	20	90	16	择	23.0	100	1940	1800

9）照明装置的接线必须牢固，接触良好。需要接地或接零的灯具、插座盒及开关盒等，其金属外壳应由接地螺栓连接牢固，不得用导线缠绕。

2. 灯具的安装

照明灯具的安装有室内室外之分。室内灯具的安装方式应根据实际施工的要求确定，通常有悬吊式（又称悬挂式）、嵌顶式和壁式等几种。

（1）悬吊式灯具安装

此方法可分为吊线式（软线吊灯）、吊链式（链条吊灯）和吊管式。

1）吊线式。吊线式是直接由软线承重。但由于挂线盒内接线螺钉承重较小，因此安装时需在吊线盒内打好线结，使线结卡在盒盖的线孔处。有时还在导线上采用自在器，以便调整灯的悬挂高度。软线吊灯多用于普通白炽灯照明。

2）吊链式。其方法与软线吊灯相似，但悬挂重量由吊链承担。

3）吊管式。当灯具自重较大时，可采用钢管来悬挂灯具。

（2）嵌顶式灯具安装

其安装方式为吸顶式和嵌入式。

1）吸顶式。吸顶式是通过木台将灯具吸顶安装在屋面上。在空心楼板上安装木台时，可采用弓形板固定。弓形板适用于护套线直接穿楼板孔的敷设方式。

2）嵌入式。嵌入式适用于室内有吊顶的场所。其方法是在吊顶制作时，根据灯具的嵌入尺寸预留孔洞，再将灯具嵌装于吊顶上。

（3）壁式灯具安装

壁式灯具一般称为壁灯，通常装设在墙壁或柱上。当装在墙上时，一般预埋金属构件或用冲击钻打孔安装金属构件。若装在柱子上，可在柱子上打孔安装金属构件或用抱箍固定金属构件，然后把壁灯固定在金属构件上，如图 5-8 所示。

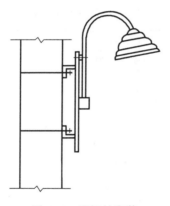

图 5-8　壁灯的安装

3. 开关和插座的安装

明装时，应先在定位处预埋膨胀螺栓（多采用塑料胀管）以固定木台，然后在木台上安装开关和插座。

暗装时，应设有专用接线盒，一般是先行预埋，再用水泥砂浆填充抹平，接线盒口应与墙面粉刷层平齐，等穿线完毕后再安装开关和插座，其盖板或面板应端正紧贴墙面。

（1）开关的安装

1）拉线开关的安装。安装拉线开关时，应选用绝缘的木台或塑料台作为安装拉线开关的固定板，电线应从木台或塑料台内部上穿引入拉线开关内，如图 5-9 所示。注意来电侧电线应接入拉线开关的静触点接线柱。明装拉线开关拉线口应垂直向下不使拉线与开关底座发生摩擦，防止拉线磨损断裂。

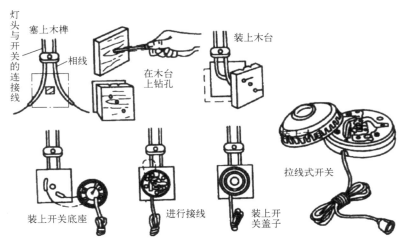

图 5-9　拉线开关的安装

2）暗扳把式开关的安装。暗扳把式开关必须安装在铁皮开关盒内，铁皮开关盒如图 5-10a 所示。开关接线时，将电源相线接到一个静触点线桩上，另一个动触点线桩接来自灯具的导线，如图 5-10b 所示。在接线时应接成扳把向上时开灯，向下时关灯，然后把开关心连同支持架固定到预埋在墙内的铁皮盒上。安装时应注意将扳把上的白点朝下面安装，开关的扳把必须方正且不卡在盖板上，再盖好开关盖板，用螺栓将盖板固定牢固，盖板应紧贴建筑物表面。

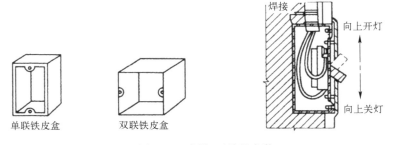

图 5-10　扳把开关的安装

3）跷板式开关的安装。跷板式开关与配套的开关盒一起安装。常用的跷板式塑料开关盒如图 5-11a 所示。开关连线时，应使开关切断相线，并根据跷板式开关的跷板或面板上的标志确定面板的装置方向，即安装成跷板上部按下时，开关处在合闸的位置，跷板下部按下时，开关应处在断开位置，如图 5-11b 所示。

（2）插座的安装

安装插座的方法与安装开关相似，其插孔的极性连接切勿乱接。当交直流或不同电压的插座安装在同一场所时，应有明显区别，并且插头和插座均不能互相插入。

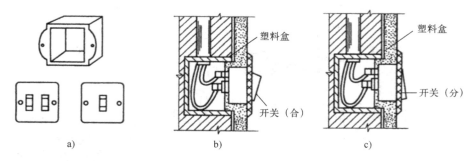

图 5-11 跷板式开关的安装

a）跷板式塑料开关盒 b）开关处在合闸位置 c）开关处在断开位置

1）常用插座板的组成。常用的组成形式有如图 5-12 所示的几种。

图 5-12a 只适用于户内干燥非导电地面的居民用电，为单相生活移动用电器具供电。

图 5-12b 适用于小容量的单相移动用电器具。

图 5-12c 适用于 0.5 kW 及以上的小型三相移动用电器具。

图 5-12d 适用于要求具有控制和一般保护的单相移动用电器具。

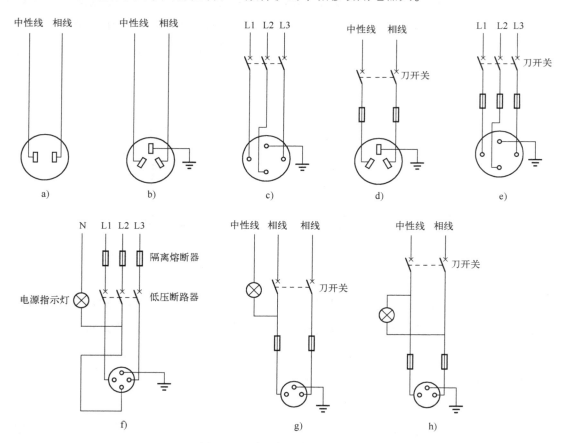

图 5-12 常用插座板组成形式

图 5-12e 适用于要求具有控制和一般保护的三相移动用电器具。

图 5-12f 适用于较大功率并要求有电源分合指示的三相移动用电器具（如电焊机或电烘箱等）。

图 5-12g 适用于电源电压为 380V 的单相移动用电器具（如电焊机等）。

图 5-12h 适用于要求有电源分合指示的单相移动用电器具。

2）插座、插头的安装要求。

① 插座分类。常用的插座分有双孔、三孔和四孔三种（图 5-13）。使用时，三孔的要选用"品"字形排列的扁孔结构，而不选用等边三角形排列的圆孔结构，因后者容易发生三孔互换而造成用电事故。

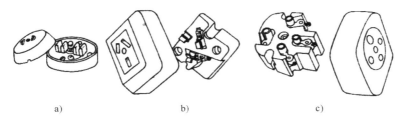

图 5-13　常用插座结构

a）双孔　b）三孔　c）四孔

② 插座的安装高度。插座的离地垂直距离要高于 1.3 m，只有图 5-13a、b 两种组成形式允许低装，但离地要高于 15 cm。凡托儿所、幼儿园和小学等儿童集中的场所，为防止儿童玩弄插座禁止低装。

3）插座的安装方法。装于配电板上的插座必须牢固地装在建筑面的木台上。暗设线路的插座必须在墙内装设插座承装盒。各种插座的安装要求和方法如下。

① 双孔插座的双孔应水平并列安装（图 5-14a），不准垂直安装（图 5-14b）。

② 三孔和四孔插座的接地孔（较粗的一个孔）必须放置在顶部位置（图 5-14a），不准倒装或横装（图 5-14b）。

③ 同一块木台上装有多个插座时，每个插座相应位置孔眼的相位必须相同，接地孔的接地必须正规。相同电压和相同相数的，应选用同一结构形式的插座；不同电压和不同相数的，应选用具有明显区别的插座，并应标明电压。

④ 在装开关、熔断器和指示灯的木台（或配电箱）上，每路插座必须与其控制和保护的电器保持在同一条直线位置上，以便于操作和维修。

⑤ 线路上的导线应使线头的绝缘层完整地穿出木台表面，不准使芯线裸露在木台内部，处在木台内部的每个线头不应靠近固定木螺钉，以防安装木螺钉时把线头绝缘层割破。

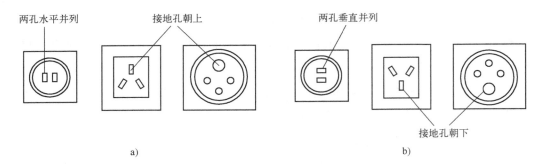

两孔水平并列　　　接地孔朝上　　　两孔垂直并列

接地孔朝下

a)　　　　　　　　　　　　b)

图 5-14　插座的安装要求

a）正确安装方式　b）不正确安装方式

⑥ 插座接电源引线时，应充分考虑三相电源的负载平衡，不可把几个插座集中在某一相或两相电源干线上。

4）插头的安装方法。用电器具必须具有完整无损的插头，禁止把电源引线线头直接插入插座孔来引取电源，同时，除居民生活中用于户内干燥非导电地面的移动用电器具外，其余各种移动用电器具的电源引线应采用三芯或四芯（三芯用于三柱插头，四芯用于四柱插头）橡胶或塑料护套铜质多股软线，不准采用无护套层的并绞软线，规定和要求如下。

① 用于生活移动用电器具，芯线的最小截面积不得小于 $0.2\ mm^2$；用于生产移动用电器具的，不得小于 $0.5\ mm^2$。

② 三芯或四芯中的黑色或黄绿色芯线为接地线，不准在双芯或三芯护套软线的护套层外另加一根绝缘线作为接地线。

③ 电源引线的端头（连同护套层）必须在插头内牢固地压住。没有压板结构的插头，应在端头结一个扣，以使芯线和插头连接处不直接承受引线的拉力。

④ 每根线芯的绝缘层应完整，不准裸露在插头内腔中。芯线头与接线端子的连接必须正规。

第6章 低压电器

低压电器是一种能根据外界的信号和要求,手动或自动地接通、断开电路,以实现对电路或非电对象的切换、控制、保护、检测、变换和调节的元件或设备。总的来说,低压电器可以分为配电电器和控制电器两大类,是成套电气设备的基本组成元件。在工业、农业、交通、国防以及民用电部门中,大多数采用低压供电,因此电器元件的质量将直接影响到低压供电系统的可靠性。

6.1 低压电器概述

凡根据外界的指令信号要求,能自动或手动接通或断开电路及负载,实现对电路或非电路对象转换、控制、保护与调节的电工器械,均属于电器范围。

6.1.1 低压电器的定义及分类

1. 低压电器的定义

低压电器是指用于交流额定电压1200 V及以下或直流额定电压1500 V及以下的电路内,起开关、保护、控制转换或调节作用的电工器械。

2. 低压电器的分类及用途

低压电器按用途或控制对象可分为两大类。

低压配电电器:低压配电电器有刀开关、转换开关、熔断器、断路器及保护继电器。主要用于低压配电系统中,要求其在系统发生故障时能够动作准确,工作可靠,并有足够的热稳定性及动稳定性。

低压控制电器:低压控制电器有控制继电器、接触器、起动器、变频器、调压器、主令电器、电阻器、变阻器及电磁铁。主要用于电力传动系统中,要求寿命长、体积小、重量轻及工作可靠。

低压电器依其操作方式也可分为两类。

自动电器：是指通过电磁或压缩空气做功来完成接通、分断、起动、反向及停止等动作的电器。常见的自动电器有接触器、继电器等。

手动电器：是指通过人力（用手或杠杆），直接扳动或旋转操作手柄来完成接通、分断、起动、反向或停止等动作的电器。常见的手动电器有刀开关、转换开关等。

6.1.2 低压电器的正确选用

选用低压电器时，应遵循以下基本原则：

1）安全。

2）经济。

为达到上述两原则，需注意以下问题：

1）控制对象的分类与使用环境。

2）确认控制对象的额定电压、额定功率、起动电流倍数、负载性质及操作频率等。

3）了解电器的正常工作条件。

4）了解电器的主要技术性能等。

6.2 低压配电电器

6.2.1 刀开关及负荷开关

1. 刀开关

（1）HD、HS 系列刀开关的用途与分类

HD、HS 系列单投和双投刀开关用于交流 50 Hz，额定电压 380 V 和直流额定电压 220 V、额定电流 1500 A 以下的成套配电装置中，在不频繁地手动接通和切断交、直流电路时使用，或用作隔离电源。普通的刀开关不可以带负荷操作。它和断路器配合使用，在断路器切断电路后才能操作刀开关。

刀开关按极数分为单极、双极和三极；按结构分为平板式和条架式；按操作方式分为直接手柄操作式、杠杆操作机构式和电动操作机构式；按刀开关转换方式分为单投和双投；按接线方式分为板前接线和板后接线等。

（2）结构

各类刀开关的结构基本相同，主要由操作手柄或操作机构、动触头、静触座、灭弧罩和绝缘底板等组成。如图 6-1a 所示。

HD、HS 系列刀开关一般配用杠杆操作机构，用户如有需要可使用其相应的 BX 旋转式操作机构，使配电柜、箱的操作更方便、更美观。

（3）型号及图形符号

刀开关的型号及图形符号如图 6-1b 所示。

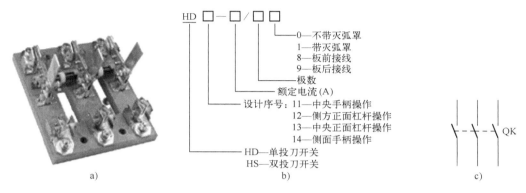

图 6-1 刀开关的外形、型号及图形符号

a）外形 b）型号及其含义 c）图形符号

（4）选择

1）结构形式的选择。仅用于隔离电源时，选用不带灭弧罩的产品；用于分断负载时，选用带灭弧罩并通过杠杆操作的产品。

2）额定电流的选择。刀开关的额定电流一般应等于或大于所开断电路中各个负载额定电流的总和。负载若是电动机，额定电流则应大一个等级。

（5）安装

1）刀开关的安装应注意母线与刀开关接线端子相连时，不应存在极大的扭应力。安装杠杆操作机构时，应调节好连杆的长度，以保证操作到位且灵活。

2）刀开关应垂直在开关板上，并使动触头在静触头下方。闭合操作时，手柄操作方向从下向上，断开操作方向应从上到下，不准横装或倒装，否则，当刀开关断开时，若支座松动，闸刀会在自重作用下跌落在静触头接线端。负荷引出线应接在动触头接线端，不可接反。

3）刀开关用作隔离开关时，合闸顺序是先合上刀开关，再合上其他用以控制负载的开关，分闸顺序则相反。

2. 负荷开关

负荷开关有开启式和封闭式两种。如图 6-2a 所示。

开启式负荷开关由刀开关、熔体、接线座、胶盖和瓷质底座等组成，适用于额定电压为交流 380 V（或直流 400 V）、额定电流 60 A 以下的配电电路中，用作不频繁地手动接通或切断负载电路，并具有短路或过载保护作用。例如，HK2 系列开启式负荷开关。

封闭式负荷开关由刀开关、熔断器、操作机械和钢板外壳等组成，适用于额定工作电压 380 V 额定工作电流至 400 A、频率为 50 Hz 的交流电路中。用作手动不频繁地接通或分断负载电路，并可作为三相笼型电动机不频繁直接起动及停止时的开关使用，且具有短路保护作用。例如：HH3 系列封闭式负荷开关。

（1）型号及其含义

负荷开关的型号及其含义如图 6-2b 所示。

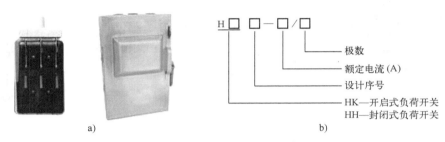

图 6-2　负荷开关的外形、型号及其含义

a）外形　b）型号及其含义

（2）选择

用于照明或电热电路时，负荷开关的额定电流等于或大于被控制电路各负荷额定电流之和。

用于电动机电路时，开启式负荷开关额定电流一般可为电动机额定电流的 3 倍，封闭式负荷开关的额定电流一般可为电动机额定电流的 1.5 倍。

（3）安装

负荷开关必须垂直安装，不准横装或倒装。

负荷开关安装接线时，进线接在上端进线座，出线接在下端出线座，以便更换熔体，不能接反。

6.2.2　熔断器

熔断器是对线路及电气设备起过载和短路保护作用的，使用时应串联在被保护的电路中。当电路或电气设备发生短路或严重过载故障时，熔断器中的熔体首先熔断，使线路或电气设备脱离电源而实现保护作用。

（1）种类

常用熔断器有瓷插式、螺旋式、无填料封闭管式和填料封闭管式等。

（2）外形及图形符号

熔断器的外形及图形符号如图 6-3 所示。

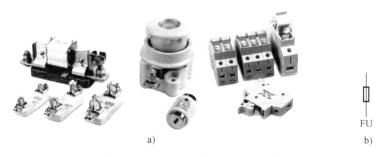

图 6-3　熔断器的外形及图形符号

a）外形　b）图形符号

（3）型号及其含义

熔断器的型号及其含义如图 6-4 所示。

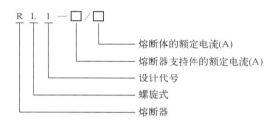

图 6-4　熔断器的型号及其含义

（4）选择

熔断器的选择从熔体电流和熔断器两方面考虑。

1）熔体电流的选择。

① 对电炉、照明等负载，熔体的额定电流应略大于或等于负载的额定电流。

② 对于输配电线路，熔体的额定电流应略大于或等于安全电流。

③ 对于电动机的短路保护，如果是一台电动机，熔体的额定电流应等于 1.5~2.5 倍的电动机的额定电流。对于多台电动机，熔体的额定电流应大于或等于其中最大容量一台电动机的额定电流的 1.5~2.5 倍，再加上其余电动机额定电流的总和。

2）熔断器的选择。

① 熔断器的额定电压必须大于或等于线路的工作电压。

② 熔断器的额定电流必须大于或等于所装熔体的额定电流。

（5）安装

1）安装熔体时，必须保证接触良好，不允许有机械损伤，否则准确性将大大降低。

2）熔断器兼作隔离开关时，应安装在控制开关的进线端，当仅作短路保护时，应安装在控制开关的出线端。

3）熔断器安装在各相线上，三相四线制电源的中性线上不得安装熔断器，单相两线制的零线上应安装熔断器。

4）安装瓷插式熔断器的熔体时，熔体安装瓷盖上，熔体应顺着螺钉旋转方向绕上去，加上平垫，再旋紧螺钉。

6.2.3 断路器

断路器是低压配电网络和电力拖动系统中的主要电器开关之一，它集控制功能和多种保护功能于一身，当电路中发生短路、欠电压、过载等非正常现象时，能自动切断电路，也可用在不频繁操作的低压配电线路或开关柜（箱）中作为电源开关使用。

断路器的优点：操作安全，安装简单方便，工作可靠，分断能力较强，具有多种保护功能，动作值可调，动作后不需要更换元件，因此应用十分广泛。其工作原理示意如图6-5所示。

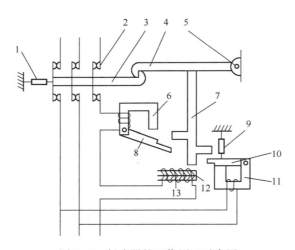

图6-5　断路器的工作原理示意图

1、9—弹簧　2—主触头　3—锁链　4—搭钩　5—轴　6—电磁脱扣器　7—杠杆
8、10—衔铁　11—欠电压脱扣器　12—双金属片　13—发热元件

主触头在正常工作情况下可接通或分断电路，在主触头配以具有灭弧能力很强的灭弧系统。在合闸情况下，自由脱扣机构的脱扣钩子将扣在一起。当电路的电流超过规定值时，过电流脱扣器的电磁铁产生较大的电磁力，吸动衔铁，推动自由脱扣机构，使钩子脱扣，主触头被弹簧拉开分断。

当电路中电压低或失去电压时，低压脱扣器的电磁铁的电磁力变小或消失，不能吸住衔铁。在弹簧的作用下，顶动自由脱扣器使其脱扣，主触头分断，从而达到过载、欠电压（失电压）保护的目的。

（1）结构与分类

断路器的基本结构分为主触头系统、自由脱扣机构、保护系统、辅助触头和操作机构等。

断路器按分断能力分标准型、较高型和限流型；按极数分为二极、三极和四极；按操作方式分为直接手柄操作式、转动手柄操作机构式和电动操作机构式；按接线方式分为板前接线、板后接线和插入式等。

（2）图形符号

断路器的图形符号如图6-6所示。

图6-6　断路器的图形符号

（3）外形、型号及其含义

断路器的外形、型号及其含义如图6-7所示。

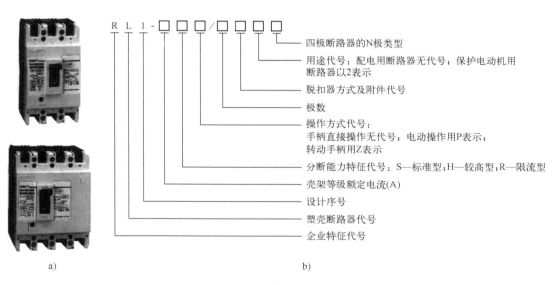

图6-7　断路器的外形、型号及其含义

a）外形　b）型号及其含义

（4）选择

1）选用的技术标准。低压断路器的选用应符合GB/T 14048.1—2012《低压开关设备

和控制设备　第 1 部分：总则》、GB/T 14048.2—2008《低压开关设备和控制设备　第 2 部分：断路器》等国家标准，且与国际标准接轨。

2）选用的技术原则。

① 断路器的额定工作电压应大于或等于线路或设备的额定工作电压。对于配电电路来说应注意区别是电源端保护还是负载保护，电源端电压比负载端电压高出约 5%。

② 断路器主电路额定工作电流大于或等于负载工作电流。

③ 断路器的过载脱扣整定电流应等于负载工作电流。

④ 断路器的额定通断能力大于或等于电路的最大短路电流。

⑤ 断路器的欠电压脱扣器额定电压等于主电路额定电压。

⑥ 断路器类型的选择应根据电路的额定电流及保护的要求来选用。

（5）安装

1）断路器应垂直安装，断路器底板应垂直于水平位置，固定后，断路器应安装平整，不应有附加机械应力。

2）板前接线的断路器允许安装在金属支架上或金属底板上，板后接线的断路器必须安装在绝缘底板上。

3）断路器的热脱扣器和电磁式脱扣器安装时均不得自动调节。

6.3　低压控制电器

6.3.1　接触器

接触器是一种用来接通或切断交、直流主电路和控制电路，并且能够实现远距离控制的电器。大多数情况下其控制对象是电动机，也可用于其他电力负载，如电阻炉、电焊机等。接触器不仅能够自动地接通或切断电路，还具有控制容量大、欠电压释放保护、零压保护、频繁操作、工作可靠、寿命长等优点，因此，接触器在电气控制系统中应用广泛。

接触器的种类很多，按驱动力的不同可分为电磁式、气动式和液压式，以电磁式应用最为广泛；按接触器主触点通过电流的种类分为交流接触器和直流接触器两种；按冷却方式分为自然空气冷却式、油冷和水冷等，以自然空气冷却式为最多；按主触点的极数分为单极、双极、三极、四极和五极等多种。

（1）外形及图形符号

接触器的外形及图形符号如图 6-8 所示。

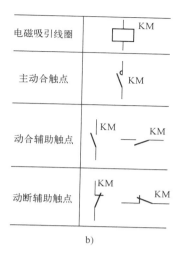

电磁吸引线圈	KM
主动合触点	KM
动合辅助触点	KM KM
动断辅助触点	KM KM

a)   b)

图 6-8　接触器的外形及图形符号

a) 外形　b) 图形符号

（2）型号及其含义

交流接触器型号及其含义如图 6-9a 所示。直流接触器型号及其含义如图 6-9b 所示。

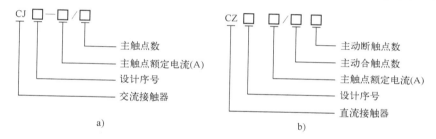

图 6-9　接触器的型号及其含义

a) 交流接触器　b) 直流接触器

（3）选择

为了保证系统正常工作，必须根据以下原则正确选择接触器，使接触器的技术参数满足控制电路的要求。

1）接触器类型的选择。接触器的类型应根据电路中负载电流的种类来选择，即交流负载应选用交流接触器，直流负载应选用直流接触器。

根据使用类别选用相应系列产品，接触器产品系列是按使用类别设计的，所以应根据接触器负载的工作任务来选择相应的使用类别。若电动机承担一般任务，其接触器可选AC-3 类；若承担重任务可选用 AC-4 类。如选用 AC-3 类用于重任务时，应降低容量使用。例如，采用 AC-3 设计的控制 4 kW 电动机的接触器，用于重任务时，应降低一个容量等级，只能控制 2.2 kW 电动机等。直流接触器的选择类别与交流接触器类似。

2）接触器主触点额定电压的选择。被选用的接触器主触点的额定电压应大于或等于负载的额定电压。

3）接触器主触点额定电流的选择。对于电动机负载，接触器主触点额定电流按下式计算：

$$I_N = \frac{P_N 10^3}{3 U_N \cos\theta \cdot \eta} \qquad (6-1)$$

式中　P_N——电动机功率（kW）；

　　　U_N——电动机额定线电压（V）；

　　　$\cos\theta$——电动机功率因数，其值在 0.85~0.9 之间；

　　　η——电动机的效率，其值一般在 0.8~0.9 之间。

在选用接触器时，其额定电流应大于计算值；也可以根据电气设备手册给出的被控电动机的容量和接触器额定电流对应的数据选择。

根据式（6-1），在已知接触器主触点额定电流的情况下，可以计算出所控制电动机的功率。例如，CJ20~63 型交流接触器在 380 V 时的额定工作电流为 63 A，故它在 380 V 时能控制的电动机的功率为

$$P_N = \sqrt{3} \times 380\,V \times 63\,A \times 0.9 \times 0.9 \times 10^{-3} \approx 33\,kW$$

式（6-1）中的 $\cos\theta$、η 均取 0.9。

由此可见，在 380 V 的情况下，63 A 的接触器的额定控制功率为 33 kW。在实际应用中，接触器主触点的额定电流也常按下面的经验公式计算：

$$I_N = \frac{P_N \times 10^3}{K U_N}$$

式中，K 为经验系数，取 1~1.4。

在确定接触器主触点电流等级时，如果接触器的使用类别与所控制负载的工作任务相对应时，一般应使主触点的电流等级与所控制的负载相当，或者稍大一些。如果不对应，例如，用 AC-3 类的接触器控制 AC-3 与 AC-4 混合类负载时，则需降低电流等级使用。

当负载为电容器或白炽灯时，接通时的冲击电流可达额定工作电流的十几倍，这时宜选用 AC-4 类的接触器。如果不得不用 AC-3 类别的产品，则应降低为 70%~80%额定容量来使用。

4）接触器吸引线圈电压的选择。如果控制线路比较简单，所用接触器数量较少，则交流接触器线圈的额定电压一般直接选用 380 V 或 220 V。如果控制线路比较复杂，使用的电器又比较多，为了安全起见，线圈的额定电压可选低一些。例如，交流接触器线圈电压可选择 127 V、36 V 等，这时需要附加一个控制变压器。

直流接触器线圈的额定电压应视控制电路的情况而定。同一系列、同一容量等级的接

触器，其线圈的额定电压有几种，可以选线圈的额定电压与直流控制电路的电压一致。

直流接触器的线圈加的是直流电压，交流接触器的线圈一般是加交流电压。有时为了提高接触器的最大操作频率，交流接触器也有采用直流线圈的。

（4）安装

1）安装前检查。

① 检查接触器的铭牌及线圈的技术数据是否满足电路实际使用的要求。

② 检查外观有无破损、缺件。

③ 铁心极面上的防锈油脂或锈垢用汽油擦净。

④ 用手开闭接触器的活动部分，检查是否灵活，有无卡碰现象。

2）安装接触器。

① 接触器应垂直安装，倾斜度不大于5°。

② 安装接线时，不要使任何零件、线头掉入接触器内部，防止造成内部卡壳或短路现象，将螺钉拧紧，防止振动松脱。

6.3.2 继电器

继电器是一种根据电量（如电压、电流等）或非电量（如时间、温度、压力、转速等）的变化接通或断开控制线路，来实现保护或自动控制电力拖动装置的电器。继电器一般由感测机构、中间机构和执行机构三个基本部分组成。感测机构把感测到的电量或非电量传递给中间机构，将它与额定的整定值进行比较，当达到整定值（过量或欠量）时，中间机构便使执行机构动作，从而接通或断开被控电路。

一般情况下，继电器不直接控制较大电流的主电路，而主要用于反映或扩大控制信号。因此与接触器比较，继电器触点分断能力很小，不设灭弧装置；体积小，结构简单，但对继电器动作的准确性则要求很高。

继电器的种类很多，按照继电器在电力拖动自动控制系统中的作用，可分为控制继电器和保护继电器；按输入信号的性质可分为电压继电器、电流继电器、时间继电器、速度继电器、压力继电器和温度继电器等；按工作原理可分为电磁式继电器、感应式继电器、热继电器和电子式继电器等；按动作时间可分为瞬时继电器和延时继电器等。

1. 中间继电器

（1）外形、型号及其含义

中间继电器的外形、型号及其含义如图6-10所示。

（2）选择

1）触点的额定电压及额定电流应大于控制电路所使用的额定电压及控制电路的工作

电流。

2）触点的种类的数目应满足控制电路的需要。

3）电磁线圈的电压等级应与控制电路的电源电压相等。

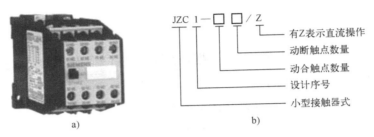

图 6-10　中间继电器的外形、型号及其含义

a）外形　b）型号及其含义

（3）安装

中间继电器的安装与接触器类似，但中间继电器由于触点比较小，一般不能接到主电路中使用。

2. 热继电器

热继电器是一种应用广泛的保护继电器，用于额定电压 380 V，电流至 150 A 的长期或间断长期工作的一般交流电动机的过载保护。带有断相保护装置的热继电器能在三相电动机一相断线时起保护作用。

热继电器的保护特性是电流-时间特性。这个特性是反时限的，即过载电流与额定电流的比值越大，相应的热继电器作用时间越短。

（1）外形及图形符号

热继电器的外形及图形符号如图 6-11 所示。

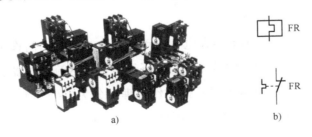

图 6-11　热继电器的外形及图形符号

a）外形　b）图形符号

（2）结构

热继电器由双金属片、热元件、触点系统及推杆、人字形拨杆、弹簧、整定值调节轮和复位按钮等组成。

使用时，热元件与被保护电动机串联，动断触点串接在交流接触器的控制电路中。当电动机正常工作时，触点不动作；当电动机过载时，其电流大于额定值，热元件发出更多的热量，双金属片弯曲，推动推杆、拨杆，使动断触点动作，切断交流接触器的控制电路电源，交流接触器释放主触点，切断电动机电源，起到保护作用。

（3）热继电器的选用与维护

热继电器的选用是否得当直接影响着对电动机进行过载保护的可靠性。

1）热继电器有两相、三相和三相带断相保护等形式。星形联结的电动机及电源对称性较好的情况可选用两相或三相结构的热继电器；三角形联结的电动机应选用带断相保护装置的三相结构热继电器。

2）原则上热继电器的额定电流应按电动机的额定电流来选择。但对于过载能力较差的电动机，其配用的热继电器（主要是发热元件）的额定电流应适当小些，一般选取热继电器的额定电流（实际上是选取发热元件的额定电流）为电动机额定电流的 60%～80%。在不频繁起动的场合，要保证热继电器在电动机的起动过程中不产生误动作。通常，当电动机的起动电流为其额定电流的 6 倍、起动时间不超过 6 s 且电动机很少连续起动时，就可按电动机的额定电流来选用热继电器。

热元件选好后，还需按电动机的额定电流来调整它的整定值。

3）对于工作时间较短、间歇时间较长的电动机，以及虽然长期工作但过载的可能性很小的电动机，可以不设过载保护。

4）双金属片式热继电器一般用于轻载、不频繁起动电动机的过载保护。对于重载、频繁起动的电动机，则可用过电流继电器（延时动作型的）作它的过载保护和短路保护。因为热元件受热变形需要时间，故热继电器不能作短路保护用。

5）热继电器有手动复位和自动复位两种方式。对于重要设备，宜采用手动复位方式；如果热继电器和接触器的安装地点远离操作地点，且从工艺上又易于看清过载情况，宜采用自动复位方式。

另外，热继电器必须按照产品说明书规定的方式安装。当与其他电器安装在一起时，应将热继电器安装在其他电器的下方，以免其动作受其他电器发热的影响。使用中应定期除去尘埃和污垢，若双金属片上出现锈斑，可用棉布蘸上汽油轻轻揩拭，切忌用砂纸打磨。另外，当主电路发生短路事故后，应检查发热元件和双金属片是否已经发生永久性变形。在做调整时，绝不允许弯折双金属片。

6.3.3 变频器

随着电力电子技术、计算机技术及自动控制技术的迅速发展，交流调速取代直流调速已成为现代电气传动的主要发展方向之一，而异步电动机交流变频调速技术是当今节电、改善工艺流程以提高产品质量和改善环境、推动技术进步的一种主要手段，它以其优异的调速和起制动性能、高效率、高功率因数和显著的节电效果而广泛应用于风机、水泵等的大、中型笼型感应电动机中，而且在当今数控机床中大多采用变频器对交流伺服电动机进行变频调速，它被公认为最有发展前途的调速方式。

异步电动机调速传动时，变频器根据电动机的特性对供电电压、电流、频率进行适当的控制，不同的控制方式所得到的调速性能、特性以及用途是不同的，按系统调速规律来分，变频调速主要有恒压频比（U/f）控制、转差频率控制、矢量控制和直接转矩控制四种结构形式。

（1）基本构成

异步电动机调速运转时，通常由变频器主电路给电动机提供调压调频电源。此电源输出的电压或电流及频率由控制电路的控制指令进行控制，而控制指令则是根据外部的运转指令进行运算获得。对于需要更精确转速或快速响应的场合，运算还应包含由变频器主电路和传动系统检测出来的信号。变频器保护电路除用于防止因变频器主电路的过电压、过电流引起的损坏外，还应保护异步电动机及传动系统等。

变频器分为交-交和交-直-交两种形式。交-交变频器可将工频交流电直接变换成频率、电压均可控制的交流电，又称为直接式变频器。交-交变频器没有明显的中间滤波环节，电网交流电被直接变成可调频调压的交流电。由于变频器输出波形是由电源波形整流后得到的，所以输出频率不可能高于电网频率，故一般用于低频大容量调速。而交-直-交变频器则是先把工频交流电通过整流器变成直流电，然后把直流电变换成频率、电压均可控制的交流电，又称为带直流环节的间接式变频器。通用变频器主要是交-直-交变频器，其基本构成如图6-12所示。

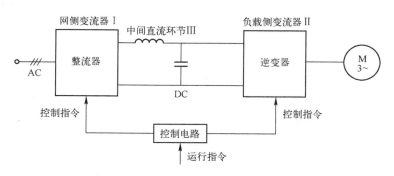

图6-12　变频器的基本构成

给异步电动机提供调压调频电源的电力变换部分，称为主电路。主电路包括整流器、中间直流环节（又称为平波电路）及逆变器。通用变频器由主电路和控制电路组成。

1）整流器。电网侧的变流器为整流器，它的作用是把工频电源变换成直流电源。

2）逆变器。负载侧的变流器为逆变器。与整流器的作用相反，逆变器是将直流功率变换为所要求频率的交流功率。逆变器最常见的结构形式是利用 6 个半导体主开关器件组成的三相桥式逆变电路。通过有规律地控制逆变器中主开关的导通和关断，可以得到任意频率的三相交流输出波形。

3）中间直流环节（平波电路）。由于逆变器的负载为异步电动机，属于感性负载，且无论电动机处于电动状态还是发电状态，其功率因数总不会等于 1。因此，在中间直流环节和电动机之间总会有无功功率的交换，这种无功能量要靠中间直流环节的储能元件——电容器或电感器来缓冲，所以中间直流环节实际上是中间直流储能环节。

4）控制电路。控制电路常由运算电路，检测电路，控制信号的输入、输出电路，驱动电路和制动电路等构成。其主要任务是完成对逆变器的开关控制、对整流器的电压控制，以及完成各种保护功能等。控制方法有模拟控制或数字控制。高性能的变频器目前已经采用微型计算机进行全数字控制，主要靠软件完成各种功能。

异步电动机在再生制动区域（转差率为负）使用制动电路，再生能量存储于平波电路的电容器中，使直流电压升高。一般情况下，由机械系统（含电动机）惯量积蓄的能量比电容存储的能量大，需要快速制动时，可用可逆变流器向电源反馈或设置制动电路（开关和电阻）把再生功率消耗掉，以免直流电路电压上升。

（2）变频器与伺服驱动器的区别

变频器与伺服驱动器在结构上相近，而且都是用于电动机调速的装置。通常变频器的功率较大，而伺服驱动器的功率较小。变频器一般用功率 kW 表示，伺服驱动器一般强调转速和力矩。变频器是以速度控制为目的，伺服是以位置控制为目的。

通用变频器和伺服控制器的主要区别有以下几点。

1）伺服控制器通过自动化接口可以很方便地进行操作模块和现场总线模块的转换，同时使用不同的现场总线模块实现不同的控制模式（RS232、RS485、光纤、InterBus、Profi-Bus），而通用变频器的控制方式比较单一。

2）伺服控制器直接连接旋转变压器或编码器，构成速度、位移控制闭环。

3）伺服控制器的各项控制指标（如稳态精度和动态性能等）优于通用变频器。

（3）变频器的类别

通用变频器按不同角度可进行不同分类。

1）按直流电源的性质分类。从前面可以知道，用于缓冲无功功率的中间直流环节的储能元件可以是电感器或者电容器，据此，变频器可分成电流型和电压型两大类。

① 电流型变频器。电流型变频器主电路的构造如图 6-13 所示。这种变频器采用大电感作为储能元件，电动机的电流波形为方波或阶梯波，电压波形接近于正弦波。其突出优

点是，当电动机处于再生发电状态时，回馈到直流侧的再生电能可以方便地回馈到交流电网中，不需要在主电路内附加任何设备，只要利用网侧的不可逆变流器改变其输出电压极性即可。这种变频器适用于频繁急剧加减速的大容量电动机的传动。

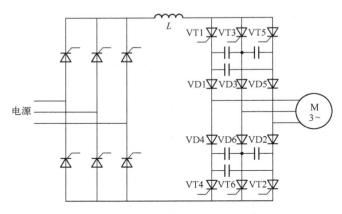

图 6-13　电流型变频器的主电路

② 电压型变频器。电压型变频器的一种典型结构的主电路如图 6-14 所示。

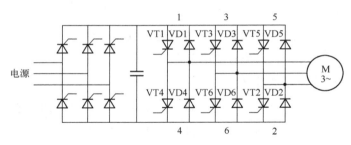

图 6-14　电压型变频器的主电路

　　图中逆变器的每个导电臂均由一个可控开关器件和一个二极管反并联组成。这种变频器大多数情况下采用 6 脉冲运行方式，晶闸管在一个周期内导通 180°，中间直流环节的储能元件采用大电容，电动机端的电压为方波或阶梯波。对负载电动机而言，变频器是一个交流电压源，在不超过容量限度的情况下，可以驱动多台电动机并联运行，具有较好的通用性。

　　2）按输出电压调节方式分类。变频调速时，需要同时调节逆变器的输出电压和频率，以确保电动机主磁通的恒定。输出电压的调节主要有 PAM 和 PWM 两种方式。

　　① PAM（Pulse Amplitude Modulation）是一种通过改变电压源的电压或电流源的幅值来进行输出控制的方式。因此，其在逆变器部分只控制频率，在整流器部分控制输出的电压或电流。在中小容量变频器中，这种方式很少应用。

　　② PWM（Pulse Width Modulation）又称为脉冲宽度调制方式，这种方式的基本原理是

通过成比例地改变各脉冲波的宽度，来控制逆变器输出的交流基波电压的幅值；通过改变脉冲波宽度变化的周期，来控制其输出频率，从而在同一逆变器上实现输出电压幅值及频率的控制。控制过程的参考信号为正弦波，输出电压平均值近似为正弦波的 PWM 方式，称为正弦 PWM 调制，简称 SPWM 方式调压，这是一种最常用的方案。

6.4　主令电器

主令电器主要用于闭合、断开控制电路，以发布命令或信号，从而达到对电力传动系统的控制或实现程序控制。

6.4.1　按钮

按钮是一种短时接通或断开小电流电路的电器，它不直接控制主电路的通断，而是在交流 380 V、直流 400 V、额定电流大于 5 A 的控制电路中发出指令来控制接触器和继电器，再由它们去控制主电路。

（1）结构与种类

常用的按钮是由感测部分和执行部分组成的。感测部分有按钮帽、连杆、桥式动触点及复位弹簧，它们感知手动的主令信号。整个触点系统为执行部分，完成动断触点的动断与动合触点的动合。

（2）外形及图形符号

按钮的外形及图形符号如图 6-15 所示。

启动（动合）按钮	E-\ SB
停止（动断）按钮	E-7 SB
复合按钮	E-7--\ SB

a)　　　　　　　　　　　　　　　　b)

图 6-15　按钮的外形及图形符号

a）外形　b）图形符号

（3）型号及其含义

按钮的型号及其含义如图 6-16 所示。

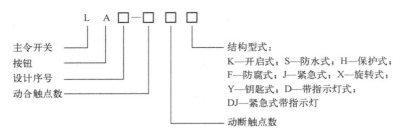

图 6-16 按钮的型号及其含义

（4）选择

1）根据使用场合，选择按钮的型号和型式。

2）根据用途选用合适的型式。

3）按工作状态指示和工作情况的要求，选择按钮的颜色。

4）按控制电路的需求确定按钮。

（5）安装

1）将按钮安装在面板上时，应根据电动机起动的先后次序，从上到下或从左到右排列。

2）按钮的安装固定应牢固，接线应可靠，应用绿色或黑色表示启动或通电，用红色按钮表示停止或断电。当面板上按钮较多时，应在显眼处用红色蘑菇头按钮作为总停止按钮。

3）必须将安装按钮的金属板或金属盒与机床总接地母线相连接。

6.4.2 指示灯

指示灯适用于交流 380 V 及以下，直流 220 V 及以下的电信、电气等线路中作指示信号、预告信号、事故信号及其他指示信号之用。

指示灯的外形及图形符号如图 6-17 所示。

a)   b)

图 6-17 指示灯的外形及图形符号

a) 外形 b) 图形符号

6.4.3 转换开关

转换开关又称为组合开关，是由多组触点组合而成的特殊刀开关，用于不频繁地接通或断开电路，通常作为电源开关应用于机床电气控制电路中。转换开关为无限位型，操作手柄可以在360°范围内旋转。转换开关的外形如图6-18所示。

（1）选择

1）用于照明或电热电路时，转换开关的额定电流等于或大于被控制电路中各负载电流的总和。

2）用于电动机电路时，组合开关的额定电流一般取电动机额定电流的1.5~2.5倍。

（2）安装

1）转换开关应安装在控制箱（或壳体）面板上，其操作手柄最好伸出在控制箱的前面或侧面，应使手柄在水平位置时为断开状态。

2）若需箱内操作，开关最好装在箱内右上方，它的正上方最好不再安装其他电器，否则应采取隔离或绝缘措施。

3）由于组合开关的通断能力较弱，因此不能用来分断故障电流。

图6-18　转换开关的外形

6.4.4　万能转换开关

万能转换开关的外形如图6-19所示。由触点系统、定位机构及限位装置等组成。其主要用于接通和断开电流为5A以下的控制电路，以及多回路的同时切换。

图6-19　万能转换开关的外形

6.5　测量仪表

6.5.1　电流互感器

电流互感器（又称CT）是按一定比例和准确度等级变换电流大小的仪器。

电流互感器在电工测量和继电器保护中的主要作用是将高压电流和低压大电流变成电压较低的小电流，供给仪表和继电保护装置，并将仪表和继电保护装置与高压电路隔开。电流互感器的二次额定电流均为 5 A，这使得测量仪表和继电保护装置使用安全、方便，也使其在制造上可以标准化，简化了制造工艺并降低了成本。

电流互感器由铁心、一次线圈、二次线圈、接线端子及绝缘支持物组成。

电流互感器是根据电磁感应原理制成的，工作原理与变压器相似，但工作状态与变压器有所不同。

1）电流互感器的一次线圈匝数很少（一般只有一匝或几匝），并且串联在被测电路中，流过较大的被测电流，该电流的大小取决于被测电路的负荷电流，与二次电流无关。

2）仪表、继电保护装置串联后，接在电流互感器的二次侧。作为电流互感器二次负荷的仪表，继电保护装置的电流线圈阻抗很小，所以电流互感器二次侧工作在近似短路的状态。若忽略励磁电流，则一次线圈与二次线圈有相同的匝数。

（1）外形、图形符号及型号

电流互感器的外形、图形符号及型号如图 6-20 所示。

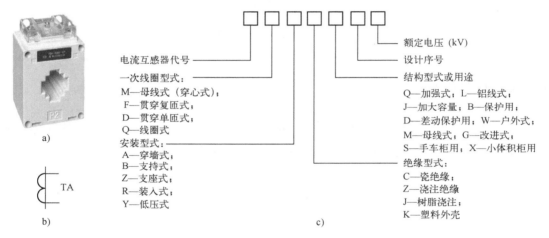

图 6-20　电流互感器的外形、图形符号及型号

a）外形　b）图形符号　c）型号及其含义

（2）主要参数

1）电流比。电流比常以分数形式标出，分子表示一次线圈的额定电流（A），分母表示二次线圈的额定电流（A）。二次线圈的额定电流均为 5 A。

2）准确度等级。电流互感器的准确度等级通常分为 0.2、0.5、1、3、10 五个等级。即电流互感器电流比误差的百分值。例如，准确度等级为 0.5 级，则表示在额定电流时，该电流互感器的电流比误差为 ±0.5%，相位差为 ±40'。当一次电流低于其额定值时，电流互感器的电流比误差及相位差也随着增大。所以电流互感器一次额定电流的选择应使运行电流经常在其 20%~100% 的范围内。

由于电流互感器二次侧所接阻抗（即负荷）大小影响电流互感器的准确度等级，所以，电流互感器铭牌中规定的准确度等级均有相应的容量（伏安数或负荷阻抗）规定。二次侧所带的负荷超出规定的容量时，其误差也将超出准确度等级的规定。因此，在选用电流互感器时，应特别注意二次负荷所消耗的功率不应超过电流互感器的额定容量。

3）容量。电流互感器的容量是指它容许带的负荷功率 S_2（即伏安数）。除了伏安数表示之外，也可以用二次负荷的阻抗值 Z_2 来表示。由于 $S_2 = I_{2e}Z_2$，式中，S_2 为二次额定容量；I_{2e} 为二次额定电流；Z_2 为二次负荷阻抗。又因 $I_{2e} = 5\,A$，所以二者可以互相换算。

4）额定电压。额定电压指电流互感器长时间正常工作所能承受的电压。

5）一次线圈匝数。一般母线式电流互感器的铭牌上标有一次线圈匝数，供安装使用时参考。

（3）电流互感器的极性

1）极性标志。所谓电流互感器的极性是指它的一次线圈和二次线圈间电流方向的关系。按规定，电流互感器一次线圈的首端标为 L1，尾端标为 L2，二次线圈的首端标为 K1，尾端标为 K2。在接线中，L1 和 K1 称为同极性端（又称同名端），L2 和 K2 也为同极性端。

2）减极性、加极性。假定一次电流 I_1 从首端 L1 流入，从尾端 L2 流出时，感应的二次电流是从首端 K1 流出，从尾端 K2 流入；或当电流互感器一、二次线圈同时在同极性端子通入电流时，它们在铁心中产生的磁通方向相同，这样的电流互感器极性标志称为减极性。反之，将 K1 和 K2 的标志调换位置时，称为加极性。通常使用的电流互感器除特殊情况外，均采用减极性标志。

（4）电流互感器二次侧的接地规定

1）高压电流互感器，其二次线圈应有一点接地，接地点应在端子 K2 处。

2）低压电流互感器，由于其绝缘强度大，发生一、二次线圈击穿的可能性极小，因此，二次线圈不接地。

3）电流互感器的铁心应接地。

（5）选用电流互感器应注意的问题

1）电流互感器的额定电压应与电网额定电压相符。

2）电流互感器一次额定电流的选择应使运行电流经常在其 20%~100% 的范围内。

3）10 kV 继电保护用电流互感器一次电流一般不应大于设备额定电流的 1.5 倍。

4）根据电气测量和继电保护的要求选择电流互感器的准确度等级。一般情况校准选用 0.2 级；电度计量、仪表测量选用 0.5 级；继电保护选用 3 级。

5）电流互感器的二次负荷（包括电工仪表和继电器等）所消耗的功率（伏安数）或阻抗，应超过所选择的准确度等级相应的额定容量，否则准确度等级会下降。

6）根据系统的运行方式和电流互感器的接线方式，选择电流互感器的台数。

7）运行中的电流互感器二次侧不允许开路，所以，电流互感器二次侧不准装设开关或熔断器。

6.5.2　电流表

电流表是一种用来测量电路中电流强度的仪表。测量时电流表应串联在用电回路中，电流表选用量程一般应为被测电流值的 1.5~2 倍，当电流 ≥ 50 A 时，要与电流互感器配合使用。使用交流电流表及电流互感器时，不允许配置熔断器，以防止开路。

利用直流电流表测量直流电流时，还应注意电流的极性，即电流表正极为电流输入端，负极为电流输出端。必要时配合分流器连接。

电流表的外形及图形符号如图 6-21 所示。

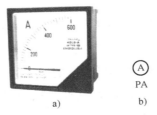

图 6-21　电流表的外形及图形符号

a）外形　b）图形符号

6.5.3　电压表

电压表是一种用来测量电源或某段电路两端电压的仪表。测量时电压表应并联在被测电路的两端。使用交流电压表时必须配置熔断器，以防止短路。

利用直流电压表测量直流电压时，同样也要注意电压的极性，即电压表正极接电源正极，负极接电源负极。

电压表的外形及图形符号如图 6-22 所示。

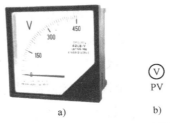

图 6-22　电压表的外形及图形符号

a）外形　b）图形符号

6.5.4 电能表

电能表是计量电气设备在单位时间内所消耗电能的仪表，又称为电度表。根据测量线路和电气设备的不同，可分为单相电能表和三相电能表。一般按负载大小和相数选用，单相负载选用单相电能表，三相负载选用三相电能表，单相负载和三相负载混合连接时可选用三相四线电能表。电能表的单位为 kW·h。

1. 单相电能表

目前，工厂和家庭多数选用感应式电能表，其外形如图 6-23a 所示，单相电能表的接线方法如图 6-23b 所示。图中 1、4 为进线接电源，3、5 为出线接负载，且 1 要接电源相线。实际操作中应参照电能表接线盒上的接线图接线。

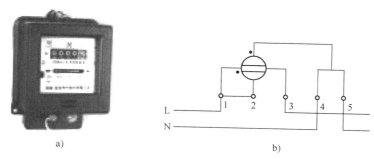

图 6-23　单相电能表的外形及接线方法

a）外形　b）接线方法

2. 三相电能表

三相电能表有三相三线制和三相四线制。根据负载电流的大小又可分为直接式和间接式。

1）直接式三相三线制电能表的外形及接线方法如图 6-24 所示，图中 1、4、6 接线端子接电源相线，3、5、8 为相线出线接负载，2、7 两个端子已分别与 1、6 短接，可不接线。

2）间接式三相三线制电能表的接线方法如图 6-25 所示。将 2、7 接线端子的铜片拆除，把电源进线中的两根相线分别与两只电流互感器的一次侧"+"标记接线端子连接，并同时分别和电能表的 2、7 接线端子连接；两只互感器二次侧的"+"标记接线端子分别与电能表的 1、6 接线端子连接；两只互感器二次侧"−"标记接线端子相连接后接到电能表 3、8 接线端子上并接地；两只互感器一次侧的"−"标记接线端子为两相出线，另一相线同时作为进线和出线并和电能表的 4 接线端子连接。

3）直接式三相四线制电能表的接线方法如图 6-26 所示，图中 1、4、7 接线端子接电源相线，3、6、9 为相线出线接负载，10 接电源中性线，11 为中性线出线，2、5、8 三个端子已分别与 1、4、7 短接，可不接线。

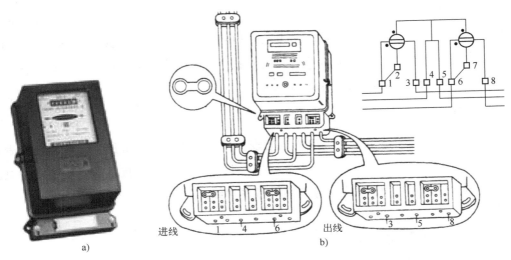

图 6-24　直接式三相三线制电能表的外形及接线方法

a）外形　b）接线方法

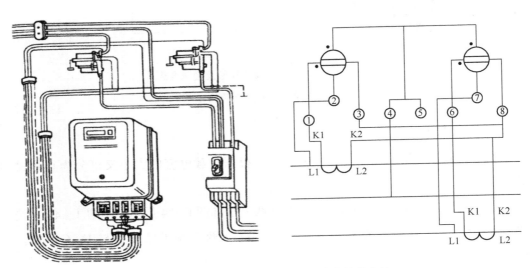

图 6-25　间接式三相三线制电能表的接线方法

4）间接式三相四线制电能表的接线方法如图 6-27 所示，三根相线分别与三只电流互感器一次侧的"+"标记接线端子连接，并同时分别与电能表的 2、5、8 接线端子相连，同时拆除 2、5、8 接线端子上的铜片，"−"标记接线端子为三根相线出线接负载。三只互感器二次侧"+"标记接线端子分别与电能表 1、4、7 接线端子连接，三个"−"标记接线端子相连并与电能表的 3、6、9 接线端子连接后接地。10、11 分别连接电源中性线的进线和出线。

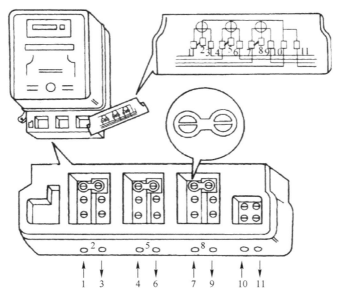

图 6-26　直接式三相四线制电能表的接线方法

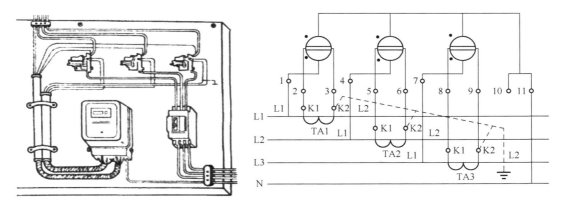

图 6-27　间接式三相四线制电能表的接线方法

5）电能表的图形符号如图 6-28 所示。

图 6-28　电能表的图形符号

第7章 电气图制图规则和表示法

电气设备的图形符号相当于语言的单词,而光有单词还不能读懂一个语句的意思,必须要掌握语法规则。也就是说,制图者必须遵守制图的规则和表示方法,读图者掌握了这些规则和表示方法,就能读懂制图者所表达的意思,所以不管是制图者还是读图者都应当掌握电气线路的规则和表示方法。

7.1 电气图的分类及特点

对于用电设备来说,电气图主要是主电路图和控制电路图。对于供配电设备来说,电气图主要是指一次回路和二次回路的电路图。但要表示清楚一项电气工程或一种电气设备的功能、用途、工作原理、安装和使用方法等,光有这两种图是不够的。电气图的种类很多,下面介绍常用的几种。

7.1.1 电气图的分类

根据各电气图所表示的电气设备、工程内容及表达形式的不同,电气图通常可分为以下几类。

1. 系统图或框图

系统图或框图是用符号或带注释的线框概略表示系统或分系统的基本组成、相互关系及主要特征的一种简图。例如,电动机的主要电路(图7-1)就表示了它的供电关系,它的供电过程是由电源 L1、L2、L3 三相→熔断器 FU→接触器 KM→热继电器 FR→电动机。又如,某供电系统图(图7-2)表示这个变电所把 10 kV 电压通过变压器变换为 380 V 电压,经断路器 QF 和母线后,通过 QS1、QS2、QS3 分别供给三条支路。系统图或框图常用来表示整个工程或某一项目的供电输送关系,也可表示某一装置或设备各主要组成部分的关系。

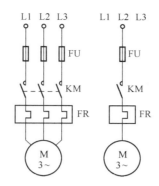

图 7-1　电动机供电系统图

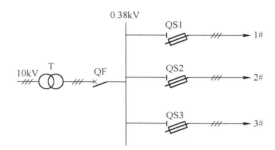

图 7-2　某变电所供电系统图

2. 电气原理图

电气原理图是按工作顺序用图形符号从上而下、从左到右排列，详细表示电路、设备或成套装置的全部组成和连接关系，而不考虑其实际位置的一种简图。其目的是便于详细理解设备的工作原理，分析和计算电路特性及参数，所以这种图又称为电气原理接线图。例如，电磁起动器电路图（图 7-3）中，当按下起动按钮 SB2 时，接触器 KM 的线圈将得电，它的主动合触点闭合，使电动机得电，起动运行；另一个辅助动合触点闭合，进行自锁。当按下停止按钮 SB1 或热继电器 FR 动作时，KM 线圈失电，主动合触点断开，电动机停止。可见电气原理图详细地表示了电动机的操作控制原理。

3. 接线图

接线图主要用于表示电气装置内部元件之间及其与外部其他装置之间的连接关系，它是便于制作、安装及维修人员接线和检查的一种简图或表格。图 7-4 是电磁起动器控制电动机的主电路接线图，它清楚地表示了各元件之间的实际位置和连接关系：电源（L1、L2、L3 三相）由 BX-3×6 的导线接至端子排 X 的 1、2、3 号，然后通过熔断器 FU1～FU3 接至交流接触器 KM 的主触点，再经过继电器的发热元件接至端子排的 4、5、6 号，最后用导线接入电动机的 U、V、W 端子。

当一个装置比较复杂时，接线图又可分解为以下几种。

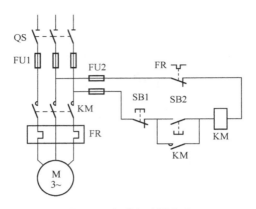

图 7-3　电磁起动器电路

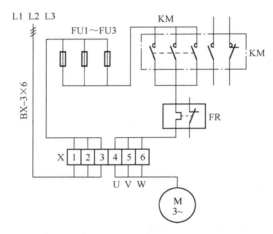

图 7-4　电磁起动器控制电动机的主电路接线图

1）单元接线图。它是表示成套装置或设备中一个结构单元内的各元件之间的连接关系的一种接线图。这里"结构单元"是指在各种情况下独立运行的组件或某种组合体，如电动机、开关柜等。

2）互连接线图。它是表示成套装置或设备的不同单元之间连接关系的一种接线图。

3）端子接线图。它是表示成套装置或设备的端子以及接在端子上外部接线（必要时包括内部接线）的一种接线图，如图 7-5 所示。

4）电线电缆配置图。它是表示电线电缆两端位置，必要时包括电线电缆功能、特性和路径等信息的一种接线图。

4. 电气平面布置图

电气平面布置图是表示电气工程项目的电气设备、装置和线路的平面布置图，它一般是在建筑平面图的基础上绘制出来的。常见的电气平面图有供电线路平面图、变配电所平

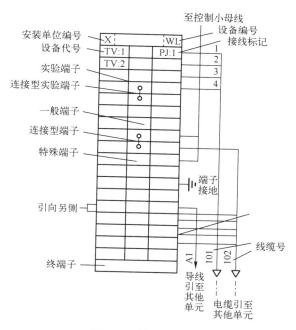

图 7-5 端子接线图

面图、电力平面图、照明平面图、弱电系统平面图、防雷与接地平面图等。图 7-6 是某车间的动力电气平面图，它表示了各车床的具体平面位置和供电线路。

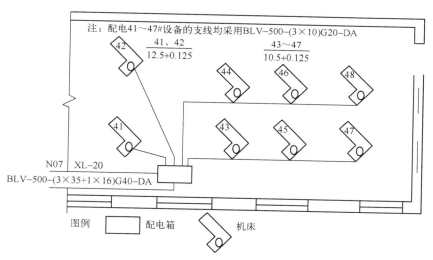

图 7-6 某车间动力电气平面图

5. 设备布置图

设备布置图表示各种设备和装置的布置形式、安装方式以及相互之间的尺寸关系，通常由平面图、主面图、断面图及剖面图等组成。这种图按三视图原理绘制，与一般机械图没有大的区别。

6. 设备元件和材料表

设备元件和材料表就是把成套装置、设备和装置中各组成部分和相应数据列成表格，来表示各组成部分的名称、型号、规格和数量等，便于读图者阅读，了解各元器件在装置中的作用和功能，从而读懂装置的工作原理。设备元件和材料表是电气图的重要组成部分，它可置于图中的某一位置，也可单列一页（视元件器件材料多寡而定）。为了方便书写，通常是从下而上排序。表7-1是某开关柜上的设备元件表。

表7-1　设备元件表

符　　号	名　　称	型　　号	数　量
ISA-351D	微机保护装置	=220 V	1
KS	自动加热除湿控制器	KS-3-2	1
SA	跳、合闸控制开关	LW-Z-1a, 46a, 20/F8	1
QC	主令开关	LS2-2	1
QF	断路器	GM32-2PR3, 0 A	1
FU1-2	熔断器	AM1 16/6 A	2
FU3	熔断器	AM1 16/2 A	1
1-2DJR	加热器	DJR-75-220 V	2
HLT	手车开关状态指示器	MGZ-96-2-220 V	1
HLQ	断路器状态指示器	MGZ-96-1-220 V	1
HL	信号灯	AD11-25/41-5G-220 V	1
M	储能电动机		1

7. 产品使用说明书上的电气图

生产厂家往往随产品使用说明书附上电气图，供用户了解产品的组成、工作过程及注意事项，以达到正确使用、维护和检修的目的。

8. 其他电气图

上述电气图是常用的主要电气图，但对于较为复杂的成套装置或设备，为了便于制造，还有局部的大样图、印制电路板图等；而若为了装置的技术保密，往往只给出装置或系统的功能图、流程图和逻辑图等。所以，电气图虽然种类很多，但这并不意味着所有的电气设备或装置都应具备这些图纸，根据表达的对象、目的和用途不同，所需图的种类和数量也不一样。对于简单的装置，可把电路图和接线图二合一；对于复杂的装置或设备应分解为几个系统，每个系统都包括以上各种类型图。总之，电气图作为一种工程语言，在表达清楚的前提下，越简单越好。

7.1.2 电气图的特点

电气图与其他工程图有着本质区别，它表示系统或装置中的电气关系，所以具有其独特的一面，其主要特点如下。

1. 清楚

电气图是用图形符号、连线或简化外形来表示系统或设备中各组成部分之间相互电气关系及连接关系的一种图。如某一变电所电气图（图7-7），10 kV电压变换为0.38 kV电压，分配给4条支路，用文字符号表示，并给出了变电所各设备的名称、功能、电流方向及各设备连接关系和相互位置关系，但没有给出具体位置和尺寸。

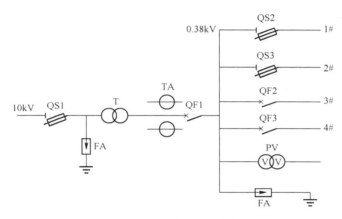

图7-7 变电所电气图

2. 简洁

电气图是采用电气元器件或设备的图形符号、文字符号和连线来表示的，没有必要画出电气元器件的外形结构，所以对于系统结构、功能及电气接线等，通常都采用图形符号、文字符号来表示。

3. 独特性

电气图主要是表示成套装置或设备中各元器件之间的电气连接关系，不论是说明电气设备工作原理的电路图，或是供电关系的电气系统图，还是表明安装位置和接线关系的平面图和连线图等，都表达了各元器件之间的连接关系，如图7-1～图7-4所示。

4. 布局有序

电气图的布局依据所要表达的内容而定。电路图、系统图是按功能布局，只考虑便于看出元件之间的功能关系，而不考虑元器件的实际位置，所以要突出设备的工作原理和操作过程，按照元器件动作顺序和功能作用，从上而下、从左到右布局。而对于接线图和平面布置图，则要考虑元器件的实际位置，所以应按位置布局，如图7-4和图7-6所示。

5. 多样性

对系统的元件和连接线描述方法不同，构成了电气图的多样性。如元件可采用集中表示法、半集中表示法及分开表示法，连线可采用多线表示法、单线表示法和混合表示法。同时，对于一个电气系统中各种电气设备和装置之间，从不同角度，不同侧面考虑，存在着不同的关系。例如，在图7-1所示的某电动机供电系统图中，就存在着以下几种不同的关系。

1）电能是通过FU、KM、FR送到电动机M，它们存在着能量传递关系，如图7-8所示。

图7-8　能量传递关系

2）从逻辑关系上，只有当FU、KM、FR都正常时，M才能得到电能，所以它们之间存在"与"的关系：M = FU·KM·FR。即只有FU正常为"1"、KM合上为"1"、FR没有烧断为"1"时，M才能为"1"，表示可得到电能。其逻辑图如图7-9所示。

3）从保护角度考虑，FU用于短路保护。当电流突然增大发生短路时，FU烧断，使电动机失电。因此它们存在着信息传递关系："电流"输入FU，FU输出"烧断"或"不烧断"，取决于电流的大小，可用图7-10表示。

图7-9　逻辑图　　　　　　图7-10　FU的信息传递图

7.2　电气图的基本表示方法

7.2.1　线路的表示方法

线路的表示方法通常有多线表示法、单线表示法和混合表示法三种。

1. 多线表示法

在图中，电气设备的每根连接线或导线各用一条图线表示的方法，称为多线表示法。

图 7-11 就是一个具有正、反转的电动机主电路图，这种设备不太复杂的情况下采用多线表示法能比较清楚地看懂图。多线表示法一般用于要详细表示各相或各线的具体连接方法的场合。

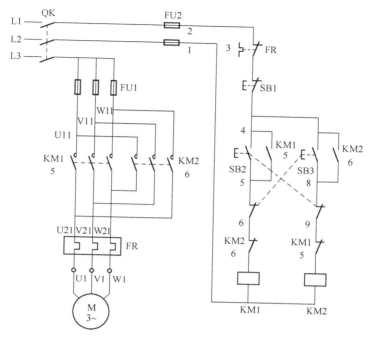

图 7-11 多线表示法示例图

2. 单线表示法

在图中，电气设备的两根或两根以上的连接线或导线，只用一根线表示的方法，称为单线表示法。图 7-12 是用单线表示的具有正、反转的电动机主电路图。这种表示法主要适用于三相电路或各线基本对称的电路图中。对于不对称的部分应在图中注释，例如图 7-12 中热继电器是两相的，图中标注了"2"。

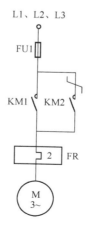

图 7-12 单线表示法示例图

3. 混合表示法

在一个图中，一部分采用单线表示法，一部分采用多线表示法，称为混合表示法。如图 7-13 所示。为了表示三相绕组的连接情况，该图用了多线表示法；为了说明两相热继电器，也用了多线表示法；其余的断路器 QF、熔断器 FU、接触器 KM1 都是三相对称，则采用单线表示法。

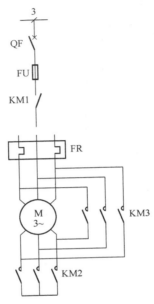

图 7-13　Y-△ 切换主电路的混合表示法

7.2.2　电气元件的表示方法

电气元件在电气图中通常采用图形符号来表示，绘出其电气连接，在符号旁标注项目代号（文字符号），必要时还要标注有关的技术数据。

一个元件在电气图中完整图形的表示方法有集中表示法、半集中表示法和分开表示法。

1. 集中表示法

把设备或成套装置中的一个项目各组成部分的图形符号在简图上绘制在一起的方法，称为集中表示法。在集中表示法中，各组成部分用机械连接线（虚线）连接起来，连接线必须是一条直线，可见这种表示法只适用于简单的电路图。图 7-14 是两个项目，继电器 KA 有一个线圈和一对触点，接触器 KM 有一个线圈和三对触点，它们分别用机械连接线联系起来，各自构成一体。

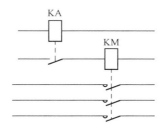

图 7-14 集中表示法示例图

2. 半集中表示法

把一个项目中某些部分的图形符号在简图中分开布置，并用机械连接符号把它们连接起来，称为半集中表示法。例如图 7-15 中，KM 具有一个线圈、三对主触点和一对辅助触点。为表达清楚，在半集中表示法中，机械连接线可以弯折、分支和交叉。

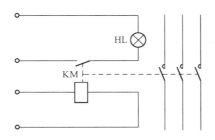

图 7-15 半集中表示法示例图

3. 分开表示法

把一个项目中某些部分的图形符号在简图中分开布置，并用项目代号（文字符号）表示它们之间关系的方法，称为分开表示法，也称为展开法。若图 7-15 采用分开表示法，则如图 7-16 所示。可见分开表示法只要把半集中表示法中的机械连接线去掉，在同一个项目图形符号上标注同样的项目代号即可。这样图中的虚线就能减少，图面更简洁，但是在看图时，要寻找各组成部分会比较困难，必须纵观全局图，把同一个项目的图形符号在图中全部找出，否则在看图时就可能会遗漏。为了看清元件、器件和设备各组成部分，便于寻找其在图中的位置，分开表示法可与半集中表示法结合起来，或者采用插图或表格表示各部分的位置。

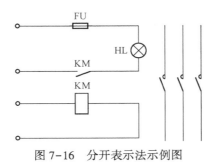

图 7-16 分开表示法示例图

4. 项目代号的标注方法

采用集中表示法和半集中表示法绘制的元件，其项目代号只在图形符号旁标注出并与机械连接线对齐，如图 7-14 和图 7-15 中的 KM。

采用分开表示法绘制的元件，其项目代号应在项目的每一部分自身符号旁标注，如图 7-16 所示。必要时，对同一项目的同类部件（如各辅助开关、各触点）可加注序号。

标注项目代号时应注意以下几点。

1）项目代号的标注位置尽量靠近图形符号。

2）图线水平布局的图，项目代号应标注在符号上方。图线垂直布局的图，项目代号标注在符号的左方。

3）项目代号中的端子代号应标注在端子位置的旁边。

4）围框的项目代号应标注在其上方或右方。

7.2.3 元器件触点和工作状态的表示方法

1. 电器触点位置

电器触点的位置在同一电路中，当它们加电和受力作用后，各触点符号的动作方向应取向一致，对于分开表示法绘制的图，触点位置可以灵活运用，没有严格规定。

2. 元器件工作状态的表示方法

在电气图中，元器件和设备的可动部分通常应表示在非激励或不工作的状态或位置，例如：

1）继电器和接触器在非激励的状态，图中的触点状态是非受电下的状态。

2）断路器、负荷开关和隔离开关在断开位置。

3）带零位的手动控制开关在零位置，不带零位的手动控制开关在图中规定的位置。

4）机械操作开关（如行程开关）在非工作的状态或位置（即搁置）时的情况，及机械操作开关在工作位置的对应关系，一般表示在触点符号的附近或另附说明。

5）温度继电器、压力继电器都处于常温和常压（一个大气压）状态。

6）故事、备用、报警等开关或继电器的触点应该表示在设备正常使用的位置，如有特定位置，应在图中另加说明。

7）多重开闭器件的各组成部分必须表示在相互一致的位置上，此时不用考虑电路的工作状态。

3. 元器件技术数据的标记

电路中的元器件的技术数据（如型号、规格、整定值及额定值等）一般标在图形符号的附近。对于图线水平布局图，尽可能标在图形符号下方；对于图线垂直布局图，则标在项目代号的右方；对于像继电器、仪表、集成块等方框符号或简化外形符号，则可标在方框内，如图 7-17 所示。

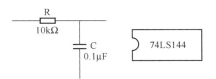

图 7-17 元器件技术数据的标记

7.3 电气图中连接线的表示方法

7.3.1 连接线一般表示法

在电气线路图中，各元件间都采用导线连接，起到传输电能、传递信息的作用，所以看图者应了解它的表示方法。

1. 导线一般表示法

一般的图线就可表示单根导线。对于多根导线，可以分别画出，也可以只画一根图线，但需加标记。若导线少于 4 根，可用短画线数量代表根数；若多于 4 根，可在短画线旁加数字表示，如图 7-18a 所示。表示导线特征的方法是，在横线上边标出电流种类、配电系统、频率和电压等；在横线下面标出电路的导线数乘以每根导线截面积（mm^2），当导线的截面不同时，可用"+"将其分开，如图 7-18b 所示。

要表示导线的型号、截面及安装方法等，可采用短画指引线，加标导线属性和敷设方法，如图 7-18c 所示。该图表示导线的型号为 BLV（铝芯塑料绝缘线）；其中 3 根截面积为 $25\,mm^2$，1 根截面积为 $16\,mm^2$；敷设方法为穿入塑料管（VG），塑料管管径为 40 mm，沿地板暗敷。

要表示电路相序的变换、极性的反向及导线的交换等，可采用交换号表示，如图 7-18d 所示。

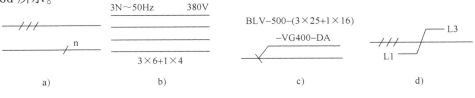

图 7-18 导线的表示法

2. 图线的粗细

一般而言，电流主电路、一次电路及主信号通路等采用粗线；控制电路、二次回路等采用细线表示。

3. 连接线分组和标记

为了方便看图，对多根平行连接线，应按功能分组。若不能按功能分组，可任意分组，但每组不多于3条，组间距应大于线间距。

为了便于看出连接线的功能或去向，可在连接线上方或连接线中断处做信号名标记或其他标记，如图7-19所示。

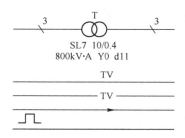

图7-19　连接线标记示例图

4. 导线连接点的表示

导线的连接点有"T"形连接点和多线的"+"形连接点。对于"T"形连接点不必加实心圆点，如图7-20a所示。对于"+"形连接点，必须加实心圆点，如图7-20b所示。而交叉不连接的，不能加实心圆点，如图7-20c所示。

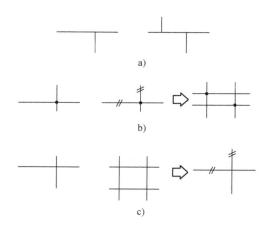

图7-20　导线连接点表示示例图

7.3.2 连接线的连续表示法和中断表示法

1. 连续表示法及其标记

连接线可用多线或单线表示，为了避免线条太多，以保持图面的清晰，对于多条去向相同的连接线，常采用单线表示法，如图 7-21 所示。

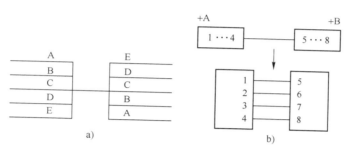

图 7-21　连接线表示法

当导线汇入用单线表示的一组平行连接线时，在汇入处应折向导线走向，而且每根导线两端应采用相同的标记符号，如图 7-22 所示。

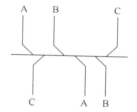

图 7-22　汇入导线表示法

2. 中断表示法及其标记

为了简化线路图或使多张图采用相同的连接表示，连接线一般采用中断表示法。

在同张图中，中断处的两端给出相同的标记符号，并给出连接线去向的箭头，如图 7-23 中的 G 标记符号。对于不同张的图，应在中断处采用相对标记法，即中断处标记名相同，并标注"图序号/图区位置"。如图 7-23 中的 L 标记符号，在第 20 号图样上标有"L3/C4"，它表示 L 中断处与第 3 号图样的 C 行 4 列处的 L 断点连接；而在第 3 号图样上标有"L20/A4"，它表示 L 中断处与第 20 号图样的 A 行 4 列处的 L 断点相连。

对于接线图，中断表示法的标记采用相对标号法，即在本元件的出线端标记去连接的对方元件的端子号。如图 7-24 所示，PJ 元件的 1 号端子与 CT 元件的 2 号端子相连接，而 PJ 元件的 2 号端子与 CT 元件的 1 号端子相连接。

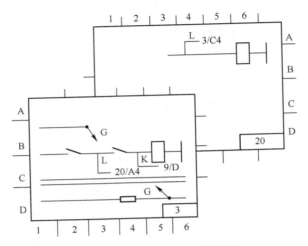

图 7-23　中断表示法及其标记

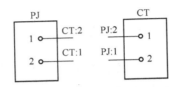

图 7-24　中断表示法的相对标号

第8章　低压成套配电装置的制作

本章主要介绍常见的低压成套配电装置的制作。低压成套设备是指380 V 及以下电压等级中使用的成套设备。低压成套配电装置主要有低压配电屏、低压配电柜、低压配电箱和终端组合电器等。

8.1　低压成套配电装置

8.1.1　低压配电柜

低压配电柜主要适用于交流50 Hz，额定电压380 V 的配电系统中，作为动力、照明及配电的电能转换及控制之用。我国现应用最广泛的低压配电柜为 GGD 型（图8-1），该产品具有分断能力强，动热稳定性好，电气方案灵活，组合方便，系列性、实用性强，结构新颖等特点，有固定式和抽屉式等结构类型。固定式中所有设备均固定安装，抽屉式中将设备按功能分组形成不同的功能单元再组装而成。在中小型工厂中，主要采用固定式。

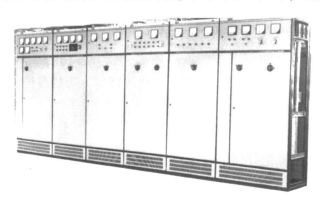

图8-1　GGD 型系列低压配电柜

GCK 型系列开关柜适用于工矿企业，用于三相交流频率50 Hz、额定电压380~660 V 的电力系统的一次配电和以异步电动机为主要的二次配电或控制设备；亦适用于车站、码头及高层建筑，尤其适用于现场控制，如配以适当的接口还可以与 PC（程序控制器）或微处理器组成供配电自动控制系统。如图 8-2 所示。

图 8-2　GCK 型系列开关柜

8.1.2　动力和照明配电箱

　　动力和照明配电箱是小型的可以在墙上或随机安装的低压配电柜，用于向用电设备配电。动力配电箱主要用于对动力设备配电；照明配电箱主要用于对照明设备配电。如图 8-3 所示。按安装方式分，动力和照明配电箱可分为靠墙式、悬挂式和嵌入式。

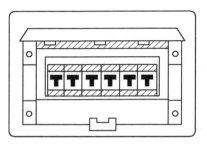

图 8-3　照明配电箱

8.1.3　终端组合电器

　　终端组合电器是用于额定电压为 220 V 或 380 V，对用电设备进行配电、控制，并起到过载、短路和剩余电流保护的成套装备。

　　终端组合电器具有尺寸模数化、安装轨道化的特点，功能多样，可用于工厂、住宅等场合，例如 C45N 断路器。

8.2　电气传动控制柜的制作

　　实训用电气传动控制柜主电路原理及安装接线图如图 8-4 所示。

　　本节以典型的三相异步电动机正反向起动控制电路（双重联锁）为例，讲述制作电气传动控制柜线路的基本方法。

　　电动机控制回路二次原理图如图 8-5 所示。

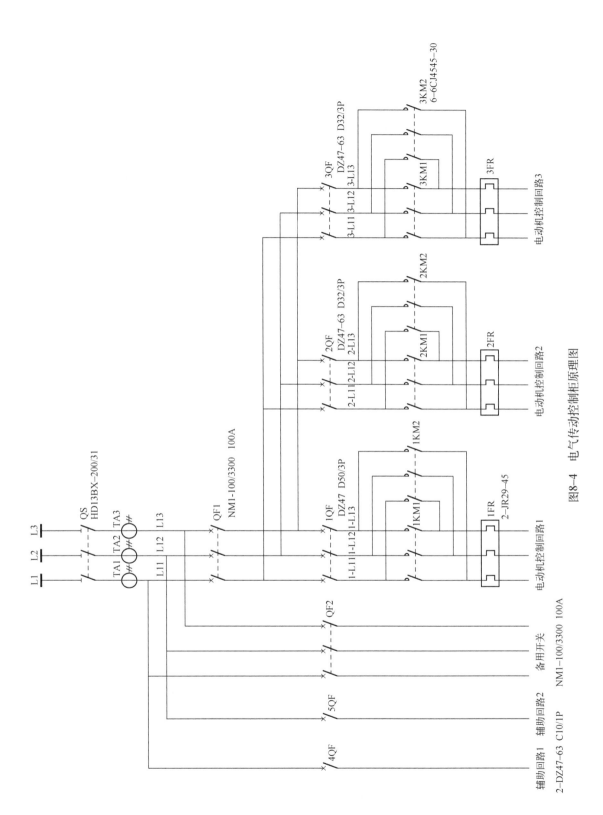

图8-4 电气传动控制柜原理图

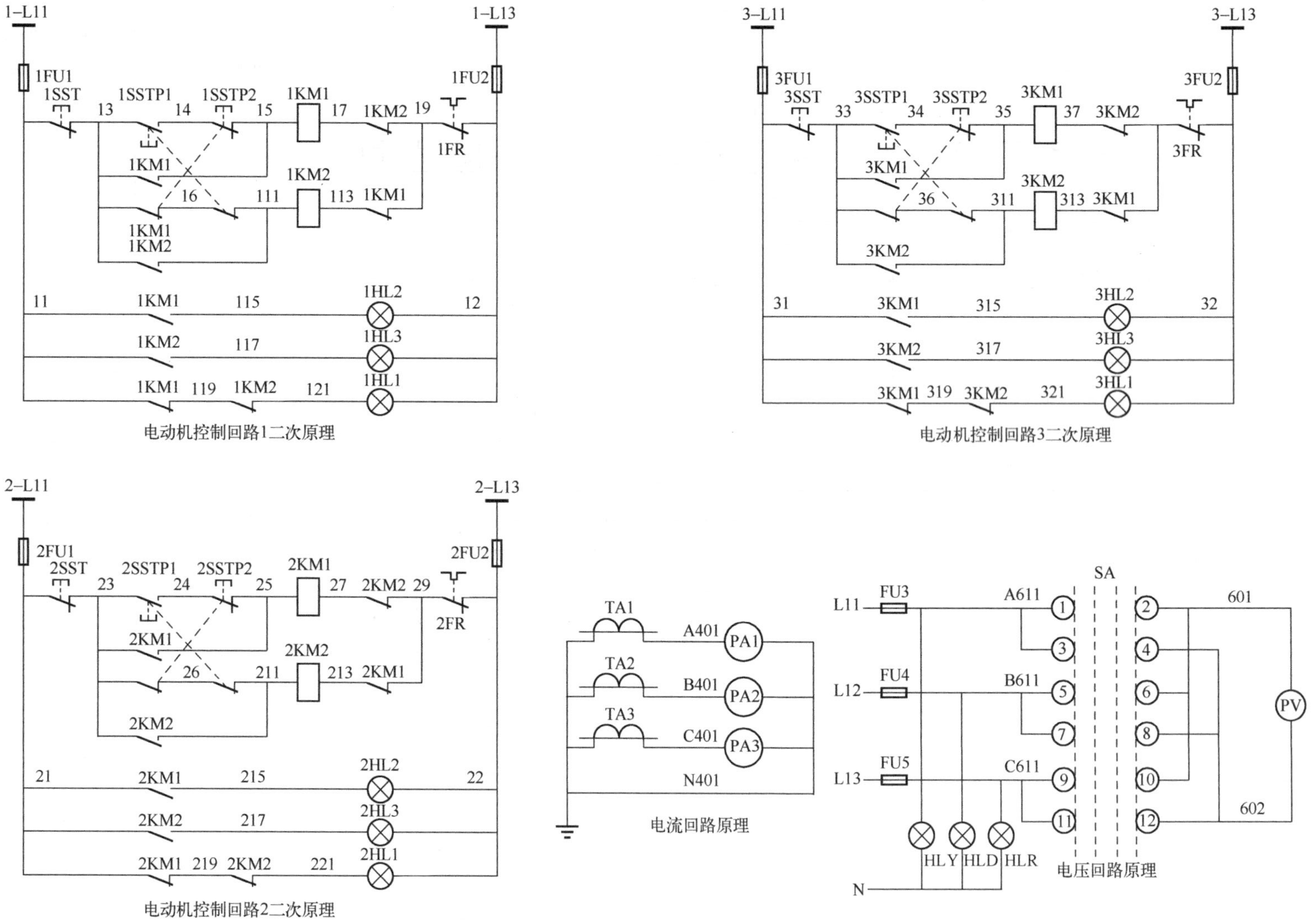
1-L11
1-L13
1FU1
1SST
1SSTP1
1SSTP2
1KM1
1KM2
1FU2
1FR
13
14
15
17
19
16
111
113
1KM1
1KM2
1HL2
1HL3
1HL1
11
115
12
117
119
121
电动机控制回路1二次原理
3-L11
3-L13
3FU1
3SST
3SSTP1
3SSTP2
3KM1
3KM2
3FU2
3FR
33
34
35
37
36
311
313
3HL2
3HL3
3HL1
31
315
32
317
319
321
电动机控制回路3二次原理
2-L11
2-L13
2FU1
2SST
2SSTP1
2SSTP2
2KM1
2KM2
2FU2
2FR
23
24
25
27
29
26
211
213
2HL2
2HL3
2HL1
21
215
22
217
219
221
电动机控制回路2二次原理
TA1
TA2
TA3
A401
B401
C401
N401
PA1
PA2
PA3
电流回路原理
SA
L11
L12
L13
N
FU3
FU4
FU5
A611
B611
C611
601
602
PV
HLY
HLD
HLR
电压回路原理

图8-5　二次原理图

电动机控制回路 1 接线图如图 8-6 所示。

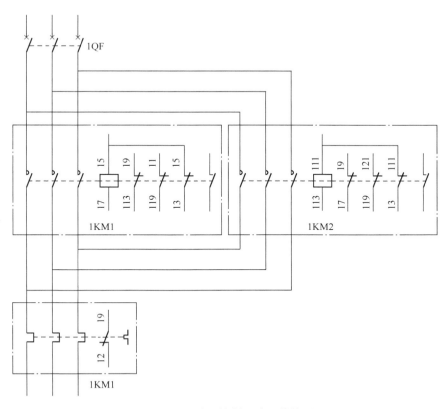

图 8-6　电动机控制回路 1 接线图

盘面正视接线图如图 8-7 所示。

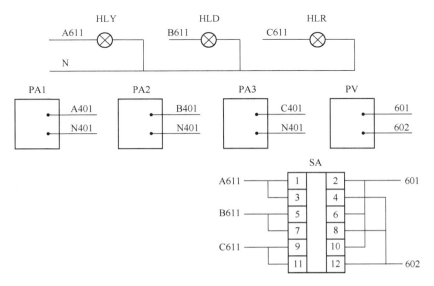

图 8-7　盘面正视接线图

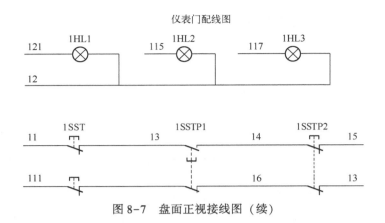

图 8-7　盘面正视接线图（续）

8.2.1　熟悉电气原理

三相异步电动机正反向起动控制电路常用于小型升降机等机械设备的电气控制。线路中要使用两只交流接触器 1KM1、1KM2（2KM1、2KM2，3KM1、3KM2）来改变电动机的电源相序，才能控制电动机的转向。即当正转接触器 1KM1（2KM1、3KM1）主触点接通时，三相电源 L1、L2、L3 按 U—V—W 相序接入电动机；当 1KM2（2KM2、3KM2）主触点接通时，三相电源 L1、L2、L3 按 W—V—U 相序接入电动机。所以当两只接触器分别工作时电动机的旋转方向相反。显然，线路必须保证两只接触器不能同时得电动作，否则将造成电源短路。为此在线路上做了双重保护。

1）电气互锁。即在接触器 1KM1、1KM2 线圈各自的支路中相互串联了对方的一副辅助动断触点，以确保接触器 1KM1、1KM2 不会同时得电。1KM1、1KM2 的这两副辅助动断触点在线路中所起的作用称为电气联锁（或互锁），这两副触点叫联锁触点。

2）机械联锁。即把 1SSTP1 按钮的辅助动断触点串联在 1KM2 线圈的支路中。把 1SSTP2 按钮的辅助动断触点串联在 1KM1 线圈的支路中。1SSTP1、1SSTP2 这两副辅助动断触点在线路中所起的作用称为机械联锁。

主电路由电源 L1、L2、L3；电源隔离开关 QS；空气断路器 QF1、1QF（2QF、3QF）；接触器 1KM1、1KM2（2KM1、2KM2，3KM1、3KM2）的主触点；热继电器 FR 的热元件和电动机 M 组成。

线路控制如下。

1）准备。合上隔离开关 QS、空气断路器 QF1、1QF1，控制电路有电，为电动机 M 起动做准备。

合上隔离开关 QS，信号灯 HLY、HLD、HLR 发光，指示熔断器 FU3、FU4、FU5 是否完好。信号灯 1HL1（2HL1、3HL1）发光指示熔断器 1FU1、1FU2（2FU1、2FU2，3FU1、3FU2）热继电器 1FR（2FR）等工作正常。

2）正向起动。按下正向起动按钮 1SSTP1，1SSTP1 的动断触点先分断实现按钮联锁，然后 1SSTP1 动合触点闭合，正向接触器 1KM1 线圈得电，1KM1 辅助动合触点闭合，实现"自保"，1KM1 辅助动断触点断开，一对触点实现"辅助触点联锁"，另一对触点切断 1HL1 的通路使其熄灭，电动机正向运行，1#运行和 1#正向运行指示灯也同时被点亮。

3）正向停止。按下停止按钮 1SST，交流接触器 1KM1 线圈失电，电磁铁心释放，1KM1 主触点断开，同时 1KM1 辅助动合触点复位解除"自保"，辅助动断触点复位解除联锁。电动机 M 断电停车。

4）反向起动。按下反向控制按钮 1SSTP2，1SSTP2 的动断触点先分断实现按钮联锁，然后 1SSTP2 动合触点闭合，反向接触器 1KM2 线圈得电，1KM2 辅助动合触点闭合，实现"自保"，1KM2 辅助动断触点断开，一对触点实现"辅助触点联锁"，另一对触点切断 1HL1 的通路使其熄灭，电动机反向运行，1#反向运行指示灯也同时被点亮。

5）反向停止。按下停止按钮 1SST，交流接触器 1KM2 线圈失电，电磁铁心释放，1KM2 主触点断开，同时 1KM2 辅助动合触点复位解除"自保"，辅助动断触点复位解除联锁。电动机 M 断电停车。

6）保护。熔断器 FU 可以实现断路保护；接触器 KM 实现欠电压保护和失电压（零电压）保护；热继电器 KH 实现过载保护。

为了顺利地进行安装接线、检查调试和排除故障的工作，必须认真阅读电气原理图，要看懂线路中各电气元件之间的控制关系及连接顺序，以便确定检查线路的步骤方法。

8.2.2 绘制安装接线图

为了具体进行安装接线、检查线路和排除故障的工作，必须根据电气原理图和实际电气传动柜的电气安装图绘制安装接线图。

绘制方法如下。

1）各电气元件（指电气原理图中使用的电气元件）都要按照在安装底板中的实际安装位置绘出。

2）电气元件所占据的面积应按它的实际尺寸依照统一比例绘制。

3）一个电气元件的所有部件应画在一起，并用点画线框起来。

4）接线图中各电气元件的图形符号及文字代号必须与电气原理图完全一致，并要符合国家标准，文字代号应标注在电气元件的左上角。

5）各电气元件上凡是需要接线的部件端子都应绘出，并且一定要标注端子编号。各接线端子编号必须与电气原理图上相应的线号一致。同一根导线上连接的所有端子的编号应相同。

6）走向相同的相邻导线应绘成一束线，所绘成的线束应放在"行线槽"内，并用单线（加粗线）表示。

7）走线时，应根据实际情况，既要使所布导线保持"横平竖直"，也应同时满足走向距离短的原则。

8）为了保证所布导线具有一定的机械强度，尽量不要出现"单独走线"。

8.2.3 检查电气元件

安装接线前应对所使用的电气元件逐个进行检查。特别注意检查交流接触器的辅助动合、动断触点是否完好。可以先用目视法观察辅助动合触点桥式连接片的位置是否正确，然后用万用表测试辅助动断触点是否连通。如果发现问题应找指导教师帮助解决，切不可私自拆卸。

8.2.4 照图接线

电气传动控制柜的布线安装一律采用多芯塑铜线（BVR）。用线要求如下。

1）主电路：用 1.5 mm² 线安装。

2）电流表：用 2.5 mm² 线安装。

3）其他：一律用 1.0 mm² 线安装（包括主电路中连接信号灯的导线）。

多芯塑铜线的端部应该先冷压成 UT 系列中相应规格的接线片，然后接到电器的接线端上。

接线时，必须按照接线图规定的走线方位进行。一般从电源端起按线号顺序布线，先安装辅助电路，然后安装主电路（主电路用线较粗不易施工的情况下），否则，也可以采用主电路和辅助电路同时安装，按照设备从上至下的安装顺序施工。

接线前应做好准备工作，按照电路的用线要求选好规定截面的导线。按接线图规定的方位，在选定好的电气元件之间测量所需要的长度，略加一点裕量后截取导线。

选择合适的线路套管（白色异型管），用克丝钳按照需用数量剪成长度为 12 mm 的小段。用不褪色的墨水（可用环已酮与甲紫调和），用印刷体顺着线号套管长度方向书写线号，防止接线或检查线路时误读。

将写好的线号管套在导线的两端。套线号管时应该注意保持控制柜内线号字符方向的一致性。在同一接线端子上接两根以上导线时，可以只套一个线号管，也允许两根导线同套一个线号管。

按照所使用导线芯线的截面积和将要连接的电路接线端螺钉的直径选择合适的接线片，采用冷压方式压接。可以用手持压线钳或普通克丝钳压接。用剥线钳按照接线片压接环的长度（可略加 1 mm 余量）剥去导线一端的绝缘层，再将接线片放在手持压线钳相应的槽内，先轻压一下，不使接线片松动。然后将剥去绝缘层后的导线裸露端全插入接线片的压接环内，再将压线钳压紧。当听到"咔"的一声响后，压线钳口会自动张开，取出接线片，并将导线上已套好的线号管回褪到压接环上，冷压过程结束。

将压好线的接线片平面向着电气元件连接片，插入电气元件接线螺钉的平垫下（线号字朝向用户），顺时针方向旋紧螺钉即可。注意：一个接线端所压接的接线片数量不得超过两个。

接好的导线可以直接进入行线槽。布线时应注意以下几个问题。

1）不允许绕电气元件接线，导线应在行线槽内敷设，然后从直对着接线端的槽孔出线。绕电气元件接线将破坏设备的整体美感。

2）不允许反绕行线槽出线。反绕行线槽出线是指从与电气元件接线端相对应的行线槽反向槽孔出线。从行线槽出来的导线接到电气元件接线端上以后，将影响扣起行槽盖板，不利于用户使用。

3）行线槽外敷设的导线均属于明线，必须严格遵守走线要横平竖直的原则。尽可能拐直角慢弯（导线弯曲半径为导线直径的 3~4 倍），千万不要用钳子将导线做成"死弯"。做好的导线根据实际情况，可以用塑料螺线扎管或尼龙带捆好，固定在支承架上，也可装入行线槽内。同时还应注意不要使接线片被导线牵拉过紧而发生变形。

4）控制柜门与控制柜体内是两个配线平面，而柜门又允许用户随时开关。因此，柜门至柜内的连接线束应该留有足够的长度，保证在柜门完全打开的情况下该连接线束不受力。不允许发生由于连接线束过短而使柜门不能完全打开的现象。此外，还要保证连接线束的柔软性，延长导线的使用寿命。

8.2.5 检查线路

首先用万用表检查主电路电源各相之间有无短路现象（正常相间电阻值不得低于 1 MΩ）。如果主电路接线正常，再检查交流接触器的电源相序是否符合要求，热继电器、端子板上电源相序是否正确，线路是否接通等。

其次检查 1 号电动机控制回路，步骤如下。

1）断开 1QF 切除主电路，接好 1FU1 和 1FU2，用两只表笔测 1-L11 和 1-L13。

2）检查起动、停车控制。分别按下 1SSTP1、1SSTP2，应依次测得 1KM1 和 1KM2 线圈的电阻值。若在操作 1SSTP1、1SSTP2 的同时按下 1SST，则万用表应显示电路由通至断。

3）检查自保线路。分别按下 1KM1、1KM2 的触点架，应依次测得 1KM1 和 1KM2 的线圈电阻值。不正常时应检查按钮盒内的接线和接触器自保触点端子的接线情况。

4）检查按钮联锁线路。按下 1SSTP1 测得 1KM1 的线圈电阻值，同时轻轻按动 1SSTP2，使其动断触点分断，万用表应显示线路由通至断；反之，按下 1SSTP2 测得 1KM2 线圈电阻值，再轻按 1SSTP1 则线路由通至断；同时按下 1SSTP1 和 1SSTP2，则万用表应为断路指示。上述检查如有异常，应检查按钮盒内 1SSTP1、1SSTP2 和 1SST 之间的连线是否正确。

5）检查过载保护环节。摘下 FR 盖板，轻拨热元件自由端使其触点动作，应测得电路由通至断（先按下 1SSTP1 或 1SSTP2 使辅助电路接通），然后使该触点复位。

2 号 3 号电动机控制回路的检查同上。如果符合上述现象则表示接线基本正确。

8.2.6　试车与调试

为了保证初学者的安全，通电试车必须在指导教师的监护下进行。试车前应做好准备工作，包括：清点工具；清除柜内的线头杂物；检查熔断器熔芯是否完好；分断断路器；从柜子底下串线到柜子里面连接，并正确接好电源线。

要求学生戴上绝缘手套后再将电源插头插入墙上的动力插座中。然后由该学生自己合上柜内隔离开关、断路器。此时，应该有四只信号灯亮（HLY、HLD、HLR 及 1HL1），按下正向起动（1SSTP1）按钮，电动机应正转，1HL2 信号灯亮；按下反向起动（1SSTP2）按钮，电动机反转，1HL3 信号灯亮；按下停止（1SST）按钮，电动机停转。假如不出现上述现象，说明可能有如下问题。

1）电气元件损坏或开关、触点不通。

2）接线错误或导线接触不良。

3）熔断器熔芯熔断或接触不良。

实验过程中切记，如果安装的控制柜出现问题，要先拔下电源插头，分断柜内断路器后，按照电气原理图仔细冷静地分析检查，找原因。不要急躁，否则会将小问题扩大。若属于电气元件本身的故障，应该找指导教师协助处理，不要私自拆卸。

8.3　照明动力配电柜的制作

8.3.1　制作照明动力配电柜的电路图

1）照明计量配电柜的电路图如图 8-8 所示。

2）照明动力配电柜的配线图如图 8-9 所示。

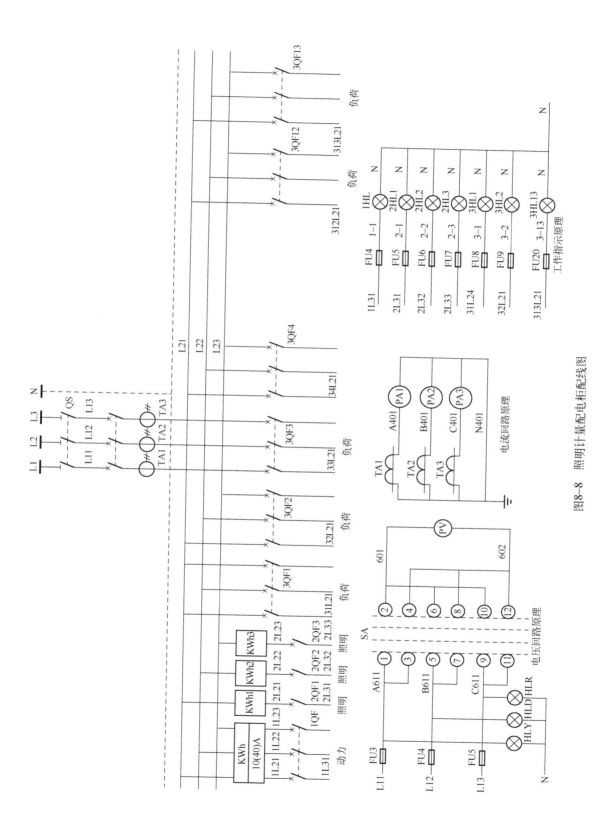

图8-8 照明计量配电柜配线图

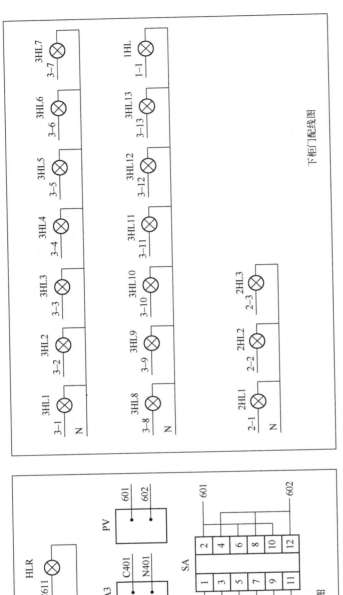

下柜门配线图

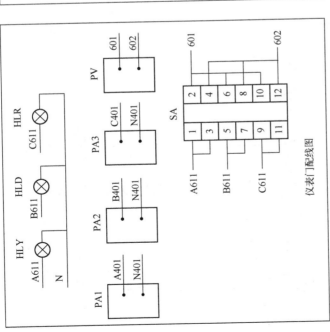

仪表门配线图

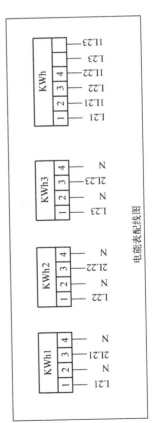

电能表配线图

图8-9 照明动力配电柜配线图

8.3.2 绘制安装接线图

初学者可按照下述方法绘制安装接线图。

1）根据电气原理图，结合具体实物弄清各个电气元件的功能。注意分清哪一部分电气元件需要在盘后面接线，哪些电气元件可在正面接线。

2）按照实物的大小，尽可能成比例地绘制安装图。

3）在安装图的基础上绘制接线图。

① 所布导线应该做到横平竖直、拐直角慢弯。

② 所布导线尽量避免互相交叉。

③ 布线时，应根据实际状况，以走线距离短为原则，不要大曲大绕。但同时应注意尽量不出现单独走线。

④ 把同一走向的导线汇成束，再依次弯向所需要的方向。汇成束的线可以用一条加粗的线条汇在图纸上，使得图纸简洁。

⑤ 在每一根导线的两端都标注线号，以便于接线和查线。

8.3.3 照图接线

接线时，必须按照接线图规定的走线方位进行。一般从电源端起按线号顺序做，先安装主电路，然后安装辅助电路。

接线前应做好准备工作，按主电路、辅助电路的电流容量选好规定截面的导线；准备适当的线导管；使用多股线时应准备烫锡工具或压接钳。

接线应按以下的步骤进行。

1）选取适当截面的导线，按接线图规定的方位，在固定好的电气元件之间测量所需要的长度，截取适当长短的导线，剥去两端绝缘层。为保证导线与端子接触良好，要用电工刀将芯线表面的氧化物刮掉；使用多股芯线时将线头绞紧，必要时应烫锡处理。

2）走线时应尽量避免导线交叉。可先将导线校直，把同一走向的导线汇成一束，依次弯向所需要的方向，走线应做到横平竖直、拐直角弯。做线时要用手将拐角做成90°的"慢弯"，导线的弯曲半径为导线直径的3~4倍，不要用钳子将导线做成"死角"，以免损坏绝缘层和损伤线芯。做好的导线束用塑料螺线扎带捆好。绝缘导线不得自由摇晃，不得直接在导电部件上和有尖角的边缘部位敷设，布线应固定在骨架和支架上，也可装入配线槽内。

3）将成型好的导线套上线号管，根据接线端子的情况，将芯线煨成圆环或直接压进接线端子。

4）接线端子应紧固好，必要时加装弹簧垫圈紧固，防止电气元件动作时因振动而松脱。接线过程中注意对照图样核对，防止接错。必要时用试灯或万用表校线。同一接线端子内压接两根以上导线时，可以只套一个线号管；导线截面不同时，应将截面大的放在上层。所使用的线号要用不褪色墨水（可用环已酮与甲紫调和），用印刷体工整地书写，防止检查线路时误读。

除了按照上述基本步骤接线外，还要注意下列要求。

1）绝缘导线的额定电压不得低于各电路的额定电压，应选用铜质多股绞线。

2）辅助电路的导线一律采用黑色绝缘铜芯线，其最小截面对于单股铜导线为 $1.5\,\mathrm{mm}^2$，对于多股铜导线为 $1.0\,\mathrm{mm}^2$。

3）连接计量仪表电流线圈的电流互感器二次回路应选用 $2.5\,\mathrm{mm}^2$ 多股铜芯导线。

4）绝缘导线的连接应采用冷压接线端子进行连接。

8.3.4 检查线路

配电柜安装完后，必须经过认真的检查，以防止错接、漏接及电气元件故障引起线路工作不正常，甚至造成短路事故。检查线路应按以下步骤进行。

1）核对接线。对照原理图和接线图，从电源端开始逐段核对端子接线的线号，排除漏接、错接的情况。重点检查辅助电路中易接错的线号，还应核对同一根导线的两端是否错号。

2）检查端子接线是否牢固。检查端子接线的接触情况，用手摇动、拉拔端子上的接线，不允许有松脱现象。

3）用万用表导通法检查。即在线路不通电时，用手动来模拟电气元件的操作动作，用万用表测量线路通断情况的检查方法。根据原理图和接线图选择测量点，主要检查：

① 电能表接线是否有误。

② 电压表、电流表接法是否有误。

③ 信号灯接线是否有误，有无显示错误（显示顺序错误）。

④ 接线端子板上的线是否按图样要求接入。

上述准备工作做完之后，可以向指导教师申请通电调试，未经老师许可，不允许私合电源。

8.4 变频控制柜的制作

不同类型、不同品牌的变频器有不同的标准规格，根据变频器的主要规格参数（参考有关产品资料），读者可以进行有关变频器的选择。

本节控制柜采用德国西门子（SIEMENS）变频器为例进行介绍。

制作控制柜之前，首先了解变频器外围设备的应用。

变频器的外围设备有电源、断路器、接触器、输入电抗器、输入滤波器、直流电抗器、输出电抗器及输出滤波器。如图 8-10 所示。

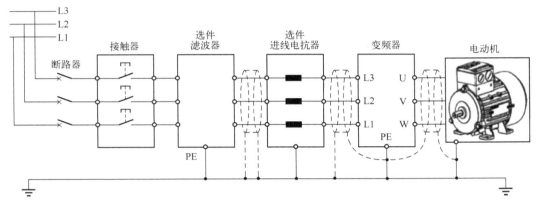

图 8-10　变频器外围设备示意图

（1）电源

1）注意电压等级是否正确，以避免损坏变频器。

2）交流电源与变频器之间必须安装断路器。

（2）断路器

1）使用符合变频器额定电压及电流等级的断路器作为变频器的电源 ON/OFF 控制，并作变频器的保护。

2）不要用断路器作变频器的运转/停止切换。

（3）接触器

1）一般使用时可不加接触器，但作外部控制，或停电后自动再起动，或使用制动控制器时，须加装一次侧的接触器。

2）不要用接触器作变频器的运转/停止切换。

（4）输入电抗器

若使用大容量（600 kV · A 以上）的电源时，为改善电源的功率因数，或当电网波形畸变严重时，或变频器在配置直流电抗器后，电源与变频器之间高次谐波的相互影响还不能满足要求时，或为提高变频器输入侧的功率因数，此时可增设交流输入电抗器。

（5）输入滤波器

变频器周围有电感负载时，需要加装输入侧滤波器。并且输入侧滤波器可抑制从变频器电源线发出的高频噪声干扰。

（6）变频器

1）输入电源端子 R、S、T 无相序分别，可任意换相连接。

2）输出端子 U、V、W 接至电动机的 U、V、W 端子，如果发现电动机转向不对时，只要将 U、V、W 端子中任意两相对调即可。

3）输出端子 U、V、W 请勿接交流电源，以免损坏变频器。

（7）直流电抗器

为保护变频器和抑制高次谐波，防护电源对变频器的影响，在下列情况下，需要配置直流电抗器。

1）当给变频器供电的同一电源节点上有开关式无功补偿电容器屏或带有晶闸管相控负载时，因电容器屏开关切换引起无功瞬变，导致网压突变和相控负载造成的谐波和电网缺口，可能对变频器输入整流桥电路造成损害。

2）当要求提高变频器输入端功率因数到 0.93 以上时，若供电三相电源的不平衡度超过 3%，则变频器接入大容量变压器时，变频器的输入电源回路流过的电流可能对整流电路造成损害。当变频器供电电源的容量大于 $550\,kV \cdot A$ 时，或供电电源容量大于变频器容量的 10 倍时，需加装直流电抗器。

（8）输出电抗器

当变频器到电动机的连线超过 80 m 时，建议采用抑制高频振荡的交流输出电抗器，避免电动机绝缘损坏、剩余电流过大，导致变频器频繁跳保护。

（9）输出滤波器

可选配输出滤波器来抑制变频器输出侧产生的干扰噪声和导线漏电流，减小变频器产生的高次谐波，以避免影响其附近的通信器材。

8.4.1 变频器的控制原理接线图及基本调试

1. 变频器的基本原理接线实例

各种系列的变频器都有其标准接线端子，主要分为两部分：一是主电路接线，二是控制电路接线。下面以西门子 MM440 系列变频器为例加以说明。

图 8-11 为变频器的基本原理接线图。图中 L1、L2、L3 为电源端，电动机接 U、V、W，B 和 B+ 用于连接改善功率因数的 DC 电抗器，连接 DC 电抗器时，需去掉 B 和 B+ 端子之间的短接铜排。容量较小的变频器，内部装有制动电阻，如果需要较大容量的外部制动电阻，则可将它接在 B+ 和 B 之间；7.5kW 以上的变频器没有内置制动电阻，为了增加制动能力，可将制动控制单元接于 C/L+ 和 D/L- 端，外部制动电阻接于 B+ 和 B 端。

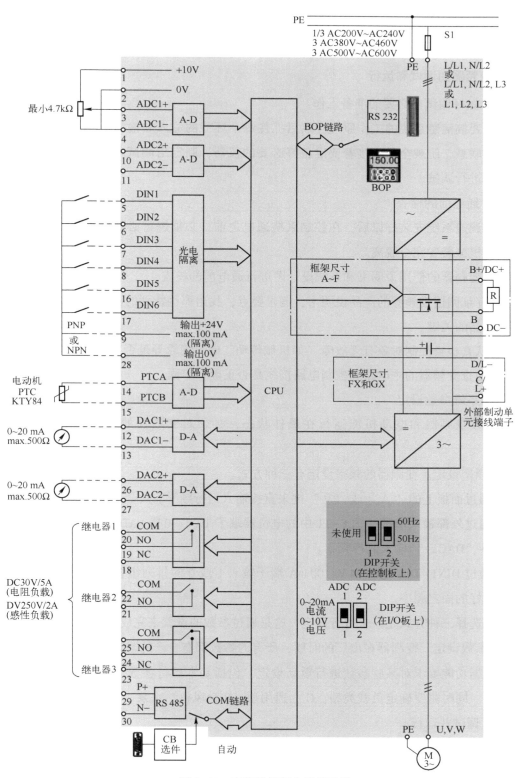

图 8-11 变频器控制电路端子图

MM440 变频器的控制端子分为五部分：频率输入、控制信号输入、控制信号输出、输出信号显示和无源触点端子（图 8-11）。

2. 变频器的调试和运行

（1）做好调试前必要的准备工作

首先要搞清楚系统的工作原理；然后抓住每个环节的输入和输出，搞清各单元和各环节之间的联系，统观全局；接着要准备好必要的仪器，制定出调试顺序和调试步骤；最后再逐步地进行调试。

（2）通电前的检查

变频调速系统安装好以后，在控制系统通电之前，必须进行必要的检查。并检查电动机是否与机械装置完全脱离。

参照变频器的使用说明书和系统设计图进行通电前的检查。

1）仔细阅读变频器的产品说明书，摘录要点，找出那些特别的注意事项，这是高效率调试好产品的关键。

2）认真检查控制对象有无故障（如机械传动、电气绝缘等是否正常）。

3）检查变频器的主电路和控制电路接线是否正确、牢固。

（3）系统参数设定

为了使变频器和电动机能运行在最佳状态，必须对变频器的运行频率和参数进行设定。

1）频率设定。变频器的频率设定有三种方式。

① 通过面板上的"∧"或"∨"键来直接输入运行频率。

② 通过外部输入端子（图 8-11 中的电位器端子 10 V、0 V、ADC1+、ADC1-，电流端子 DAC1+、DAC1-）输入运行频率。

③ 通过 DIN1~DIN6 及 +24 V/100 mA 端子输入 1 或 0 的排列组合，使变频器输出某一事先设定好的固定频率。

只能选择三种方式之一来进行设定，这是通过参数的设置来完成的。

2）参数设定。变频器在出厂的时候，所有的参数都有自己的默认值。在实际运行的时候，应根据功能要求对某些参数进行重新设定，包括基本运行参数、中级运行参数和高级运行参数。同时需要确定负载类型：G 为通用型，P 为风机、水泵。

（4）调试并运行

变频器系统功能参数设定完后，就可试运行。试运行前，应对所控制的电动机进行盘车操作（人力转动电动机）。电动机在 5 Hz 频率点空载运转几分钟后，如无异常情况，再依次选择 10 Hz、20 Hz、35 Hz、50 Hz 等几个频率点试运行，同时查看电动机的旋转方向、振动、噪声和温升是否正常，升速是否平滑。试运行正常以后，变频器调速系统即可投入正式运行。

8.4.2　变频器的保护功能

通常变频器本身都有较完善的保护功能，但如果参数设置不当、负载变化、外界运行条件改变以及变频器的元器件损坏或接触不良等，都有可能造成变频器的故障。当变频器出现故障和非正常运行时，变频器必须有快速可靠的保护。

（1）过电流保护

当变频器的输出侧发生短路或电动机堵转时，变频器将流过很大的电流，从而造成电力半导体器件的损坏。为了防止过电流，变频器设置有过电流保护电路。当电流超过某一数值时，变频器通过自关断电力半导体器件切断输出电流，或者调整电动机的运行状态，减小变频器的输出电流。例如，电动机的起动时间设置过短或转动惯量太大时，起动时常会发生过电流，这时可以重新设置起动时间。对于新型变频器，在电流超过额定电流的一定范围内，允许变频器运行一段时间，变频器的输出频率保持不变，如图 8-12 所示。此时，电动机的起动时间将比设定的起动时间长。如果起动时间设置太短，则变频器的输出将被切断。

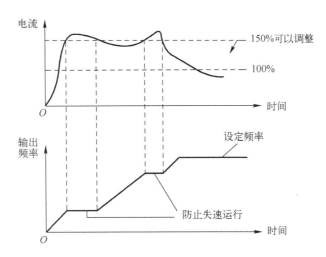

图 8-12　新型变频器过电流保护动作示意图

（2）过载保护

过载保护功能主要是用来保护电动机的。通过［H-2］参数来设置变频器对负载电动机进行热继电保护的灵敏度，当负载电动机的额定电流值与变频器的额定电流不匹配时，通过设定该值可以实现对电动机的正确热保护，电子热继电器的反时限保护功能如图 8-13 所示。

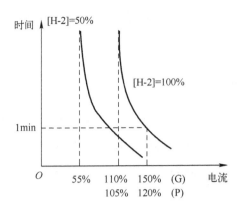

图 8-13　电子热继电器的反时限保护功能

图中横坐标反映电动机的电流，纵坐标为允许继续运行的时间。当设定的电动机允许持续电流为额定值（100%）时，如果电动机的实际电流小于或者等于额定电流，则电动机可以连续运行。当电动机的实际电流超过额定电流时，允许电动机继续运行的时间与电流的大小有关，超过得越多，容许继续运行的时间越短。

（3）过电压保护

当电源电压突然升高，或者电动机降速时，反馈能量来不及释放，使电动机的再生电流增加，主电路直流电压超过电压检测值，形成再生过电压。另外，在 SPWM 调制方法中，电路是以系列脉冲的方式进行工作的，由于电路中存在着绕组电感和线路分布电感，在每个脉冲的上升和下降过程中，会产生峰值很大的脉冲电压，这个脉冲电压叠加到直流电压上，就形成具有破坏作用的脉冲高压。在以上几种情况下，变频器的过电压保护功能动作。

对于电源电压的上限，一般规定不超过电网额定电压的 10%，例如电源线电压为 380 V 时，其上限值为 420 V。有些进口变频器的最高工作电压可达 460 V。对于降速时的过电压，可以采取暂缓降速的方法来防止变频器跳闸。用户可以设定一个电压的限定值 U_{set}（也可由变频器自行设定）。在降速过程中，当直流电压 $U_D > U_{set}$ 时，暂停降速，当 U_D 降至 U_{set} 以下时，再继续降速。而对脉冲过电压的保护，通常采用吸收的方法来解决。常见的吸收装置有压敏电阻吸收电路和阻容吸收电路等。

（4）欠电压保护

变频器产生欠电压的原因主要有以下几个方面。

1）电源电压过低，主电路直流电压降到欠电压检测值以下，或者电源突然断相。

2）对于没有瞬停再起动功能的变频器，出现瞬间停电的情况。

3）变频器中的电子元器件损坏，限流电阻长时间接入，负载电流得不到及时补充，导致直流电压下降而引起欠电压。

欠电压首先会引起电动机的转矩下降，然后使电动机的电流急剧增大。新型变频器都有较完善的欠电压保护功能，一般欠电压时间不到 15 ms 时，变频器仍然继续运行，若超过 15 ms，变频器将停止。

（5）其他保护

1）逆变功率模块的过热保护。逆变功率模块是变频器内产生热量的主要部件，也是变频器中最重要而又最脆弱的电子元器件，所以各变频器都在其散热板上配置了过热保护器件。

2）风扇运转保护。变频器箱体内的风扇是箱内电子元器件散热的主要途径，是保证变频器和控制电路正常工作的必要条件，如果风扇运转不正常，必须立即进行保护。

3）负载侧接地保护。当电动机的绕组或变频器到电动机之间的传输线中有一相接地（如果有两相或两相以上同时接地，则形成短路，引起过电流保护）的，将导致三相电流的不平衡。变频器一旦检测出三相电流不平衡，将立即进行保护。

8.4.3 变频器的抗干扰措施

（1）高次谐波的产生及其影响

通用变频器的输入部分为整流电路，整流电路具有非线性特性（进行开关动作），所以会产生高次谐波。这种高次谐波如不采取有效抑制措施，将使输入电源的电压波形和电流波形发生畸变，特别在使用大容量或多数量的通用变频器时，这种畸变尤为突出。

连接变频器的电源系统一般并联有电力电容器、发电机、变压器及电动机等负载，变频器产生的高次谐波电流按照各自的阻抗分流到电源系统和并联的负载，对各电气设备产生不同的影响：电力电容器由于高次谐波引起并联谐振，会有较大的电流流过电容器，电容器将被烧毁；变频器产生的高次谐波电流会流向同步发电机，在同步发电机的制动绕组和励磁绕组中引起感应电流，产生发热损耗，输出功率降低，从而导致电动机过热、使用寿命缩短等；对有效值响应式仪表的精度有些影响；平均值响应式的仪表将由于所含奇次高次谐波的波形有效值与平均值的差而产生误差。

（2）减小和防止高次谐波的方法

为了将高次谐波产生的种种干扰防患于未然，通常是在高次谐波发生侧和受到高次谐波干扰的设备处同时采取措施，具体方法如下。

1）设置交流电抗器。在交流输入侧接入交流电抗器，使换相阻抗增大，可以抑制高次谐波电流。

2）设置交流滤波器。在电力回路中使用的交流滤波器通常有调谐滤波器和二次型高次滤波器。调谐滤波器适用于单一高次谐波的吸收，高次滤波器适用于多个高次谐波的吸收，一般将两者组合起来作为一个设备使用。交流滤波器的作用是将来自变频器的高次谐波分量与电源系统的阻抗分离。实际使用时，采用在电源侧设置电抗器，提高电源阻抗的方法。另外，交流滤波器的基波电力电容必须限制在容许值范围内。

变频器输出侧设置滤波器，可以减少电磁噪声和损耗，一般可降低噪声 5dB。必须注意滤波器的输入侧和输出侧绝不能接错，否则会烧毁变频器。

（3）变频器抗干扰措施

变频调速的控制可以采用自动，也可以采用手动。如果采用闭环自动控制，必须将工艺参数（如生产过程中的流量、液面、压力及温度等）通过变送器、调节器转换为 4～20 mA 信号，送到变频器的信号输入端，才能控制变频器。频率的设定可通过外接频率设定电位器的方法来实现。

手动给定频率信号的地点可以设在现场，也可以设在控制室。当现场距离控制室较近时，通过外接电位器输入 0～10 V 的电压信号来设定频率。由于输入的是开关量信号，受到干扰的影响相对要小得多。当现场距离控制室较远时，通过外接按钮输入触点增/减来设定频率。

变频器的输出回路是强电磁干扰源，因此，变频器和其他控制电路的配线不能与变频器主电路配线敷设在同一根铁管或同一配线槽内。为了进一步增强抗干扰效果，还应采用 1.0 mm² 的绝缘屏蔽导线，绝缘屏蔽导线的接地应在变频器侧进行单点接地，使用专用的接地端子，不与其他接地端子共用。要尽可能地使敷设导线的线路最短。

8.4.4 变频控制柜的应用范例

1. 面板控制起、停，面板设置频率

（1）基本接线

面板控制起、停，面板设置频率基本接线图如图 8-14 所示。

根据原理图接线时，必须按照接线图规定的走线方位进行。一般从电源端起按线号顺序做，先安装主电路，然后安装辅助电路。本节变频控制柜只接主电路，接线前应做好准备工作，按主电路电流容量选好规定截面的导线；准备适当的线导管；使用多股线时应准备烫锡工具或压接钳。

接线应按 8.3.3 节中介绍的步骤进行，并按 8.3.4 节中介绍的内容检查线路。

上述准备工作做完之后，可以向指导教师申请通电调试，未经老师许可，不允许私合电源。

（2）参数设置

系统上电后，需要通过面板（图 8-15）设置的参数如下。

P［0003］＝3：参数设置为 3，用户访问级别，标准。

P［0004］＝0：参数设置为 0，所有参数可改。

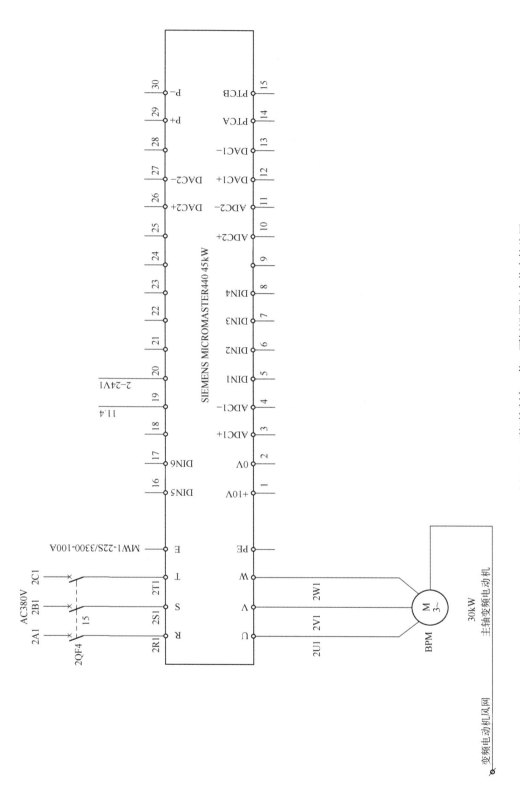

图8-14 面板控制起、停，面板设置频率基本接线图

P[0304]=?：负载电动机额定电压（根据电动机的额定铭牌数据）。

P[0305]=?：负载电动机额定电流（根据电动机的额定铭牌数据）。

P[0307]=?：负载电动机额定功率（根据电动机的额定铭牌数据）。

P[0700]=1：参数设置为1，选择命令源为BOP（传动变频器键盘）其他取值定义如下。

      0：恢复数字I/O到工厂默认设定；

      2：端子排（工厂默认设定）；

      4：USS在BOP链路上；

      5：USS在COM链路上（通过控制端子29和30）；

      6：CB在COM链路上（CB=通信板）。

图8-15　变频器面板图

（3）操作说明

按"1"键起动变频器，按动增加键，设定频率将逐步增大；按动减小键，设定频率将逐步减小。

按"0"键，变频器将停机。

操作面板控制说明见表8-1。

表8-1　操作面板控制说明表

操作面板/按键	功　能	作　用
r0000	状态显示	LCD显示变频器当前的设定
⏻	起动电动机	按此键起动变频器，在默认设定时此键被封锁。为使此键有效，参数P0700或P0719按如下改变。 BOP：P0700=1或P0719=10…16 AOP：P0700=4或P0719=40…46，在BOP键路 　　　P0700=5或P0719=50…56，在COM链路

操作面板/按键	功　能	作　用
⓪	停止电动机	OFF1：按压此键，电动机按所选定的斜坡下降时间减速至停车，在默认设定时此键被封锁，为使此键有效，见"起动电动机"键 OFF2：按此键两次（或长时间按1次），电动机自由停车，此功能总是有效
⟳	改变电动机的旋转方向	按此键可以改变电动机的旋转方向，电动机的反向用负号（-）表示或用闪烁的小数点表示，在默认设定时此键被封锁，为使此键有效，参考"起动电动机"键来修改参数
(jog)	电动机点动	在"准备合闸"状态下按压此键，则电动机起动并运行在预先设定的点动频率，当释放此键，电动机停车，当电动机正在旋转时，此键无功能
(Fn)	功能	此键用于显示附加信息。 当在运行时按压此键2s，同实际参数无关，显示下列数据： 1）直流母线电压（用d表示，单位V） 2）输出电压（A） 3）输出频率（Hz） 4）输出电压（用o表示，单位V） 5）在参数P0005中所选的值（如果已配置了P0005，那么显示上面数据的1~4项，相应的值不再显示） 连续多次按下此键，将轮流显示以上参数 跳转功能：在显示任何参数（r×××或P×××）时短时按下此键，将立即跳转到r0000，如果需要，可以接着改变附加参数，跳转到r0000后，按此键将返回到起始点 确认：如存在报警和故障信息，则按此键进行确认
(P)	访问参数	按此键即可访问参数
(▲)	增加数值	按此键即可增加显示的值
(▼)	减小数值	按此键即可减小显示的值
(Fn) + (P)	AOP 菜单	调出 AOP 菜单提示（仅用于 AOP）

2. 端子控制起、停，端子电位器设置频率

（1）基本接线

端子控制起、停，端子电位器设置频率主电路接线图如图8-16所示，控制原理图如图8-17所示，控制面板配线图如图8-18所示。

接线应按8.2.4节中介绍的步骤进行，并按8.2.5节中介绍的内容检查线路，按8.2.6节中介绍的内容进行试车与调试。

（2）参数设置

控制柜上电后，需要通过面板（图8-15）设置的参数如下。

P[0003] = 3：参数设置为3，用户访问级别，标准。

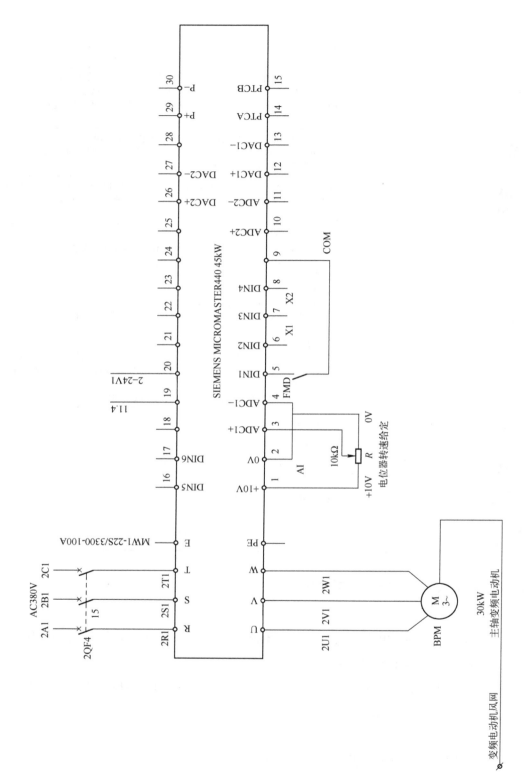

图8-16 端子控制起、停、端子电位器设置频率主电路接线图

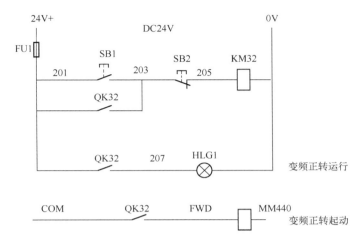

图 8-17　变频器端子控制原理图

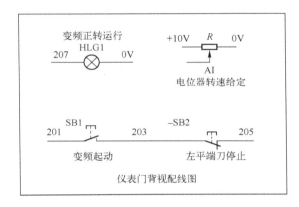

图 8-18　变频器端子控制控制面板配线图

P［0004］＝0：参数设置为0，所有参数可改。

P［0304］＝?：负载电动机额定电压（根据电动机的额定铭牌数据）。

P［0305］＝?：负载电动机额定电流（根据电动机的额定铭牌数据）。

P［0307］＝?：负载电动机额定功率（根据电动机的额定铭牌数据）。

P［0700］＝2：参数设置为2，选择命令源为端子排（工厂默认设定）。其他取值定义
　　　　如下。

　　　　0：恢复数字I/O到工厂默认设定；

　　　　1：BOP（传动变频器键盘）；

　　　　4：USS在BOP链路上；

　　　　5：USS在COM链路上（通过控制端子29和30）；

　　　　6：CB在COM链路上（CB＝通信板）。

P［0701］＝1：各数字量输入可设定（P［0701］～P［0706］＝?），设定值可参

考表 8-2。

P[1000] = 2：参数设置为 2，选择频率给定值为模拟给定值；其他取值定义如下。

　　　　0：无主给定值；

　　　　1：MOP 给定值；

　　　　3：固定频率；

　　　　4：USS 在 BOP 链路上；

　　　　5：USS 在 COM 链路上；

　　　　6：CB 在 COM 链路上；

　　　　7：模拟给定值 2。

表 8-2　数字量输入可设定数值

参 数 值	意 　 义	参 数 值	意 　 义
0	数字量输入禁止	13	MOP 上升（增大频率）
1	ON/OFF1	14	MOP 下降（降低频率）
2	ON+反向/OFF1	15	固定给定值（直接选择）
3	OFF2-自由停车	16	固定给定值（直接选择+ON）
4	OFF3-快速斜坡下降	17	固定给定值（二进制码选择+ON）
9	故障确认	25	DC 制动使能
10	点动，右	29	外部脱扣
11	点动，左	33	禁止附加频率给定值
12	反向	99	使能 BICO 参数设置

（3）操作说明

按"变频起动"按钮起动变频器，变频起动指示灯被点亮，顺时针旋转电位器，设定频率将逐步增大，电动机转动逐渐加快；逆时针旋转电位器，设定频率逐步减小，电动机转动逐步减慢。

按"变频停止"按钮，变频器将停止运行。

3. 远程控制起、停及频率设定

（1）基本接线

远程触摸屏及 PLC 控制起、停及频率设定的 PLC 基本接线图如图 8-19 所示，主电路基本接线图如图 8-20 所示，模拟量模块接线图如图 8-21 所示。

根据原理接线图，可以发现，变频器在 PLC 控制下驱动下螺旋给料电动机自动或手动控制给料，起动、停止及频率设定通过西门子触摸屏发出指令给 PLC，通信为 DP 总线方式。

由于这台控制柜控制较复杂、元器件较多，安装元器件后应做好标识。接线应按 8.3.3 节中介绍的步骤进行，并按 8.3.4 节中介绍的内容检查线路。

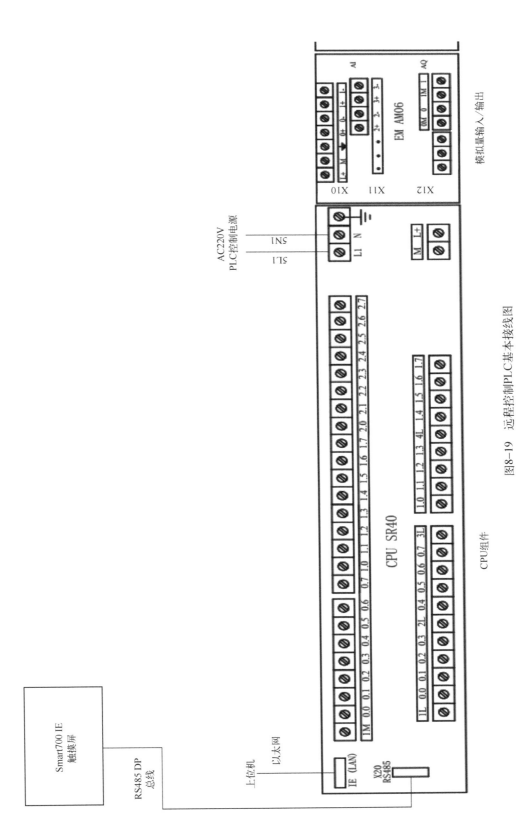

图8-19 远程控制PLC基本接线图

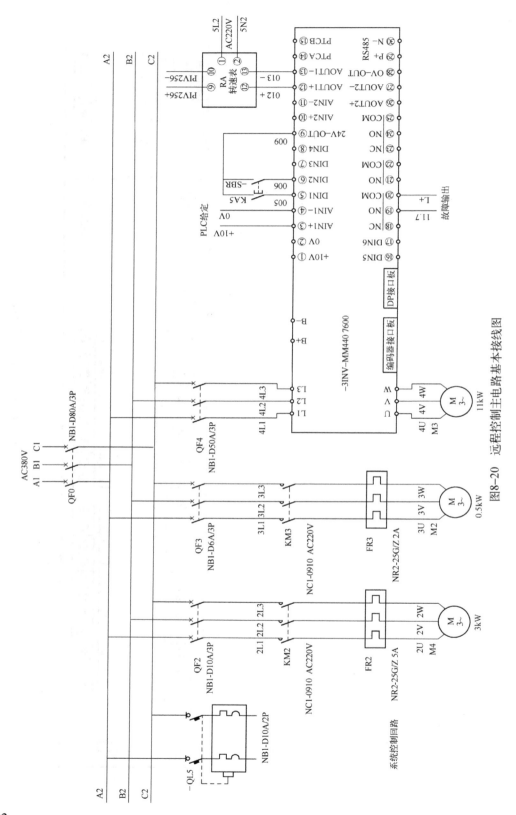

图8-20 远程控制主电路基本接线图

132

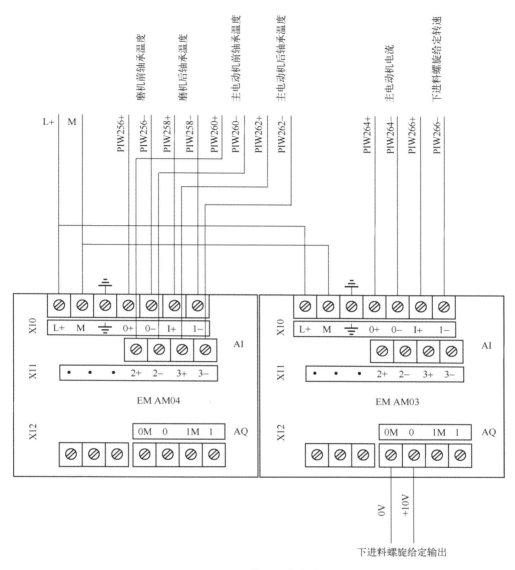

图 8-21　PLC 模拟量模块接线图

硬件接线完成后，使用 PLC 编程软件进行程序编辑，使用西门子 SMART2.3 编程软件按照系统要求进行软硬件编辑，地址设置为 192.168.2.20。PLC 硬件设置及程序编辑如图 8-22所示。

PLC 编程软件进行程序编辑完成后，使用西门子 SMART 触屏编程软件按照系统要求编辑触摸屏程序，地址设置为 192.168.2.21。变量制作及触摸屏画面如图 8-23 所示。

上述准备工作做完之后，可以向指导教师申请通电调试，未经老师许可，不允许私合电源。系统通电后将 PLC、触屏程序分别下载到相应硬件中。

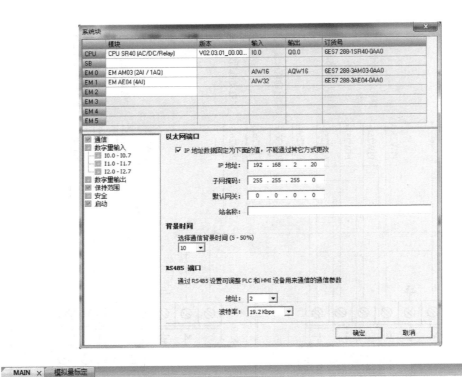

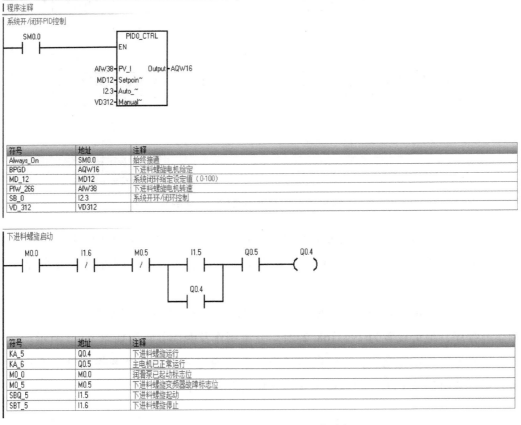

图 8-22 PLC 硬件配置及程序编辑

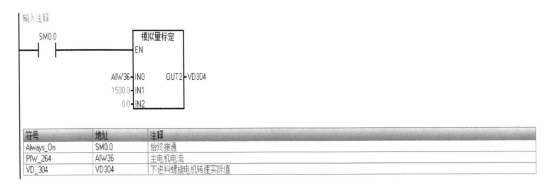

符号	地址	注释
Always_On	SM0.0	始终接通
PIW_264	AIW36	主电机电流
VD_304	VD304	下进料螺旋电机转速实际值

图 8-22　PLC 硬件配置及程序编辑（续）

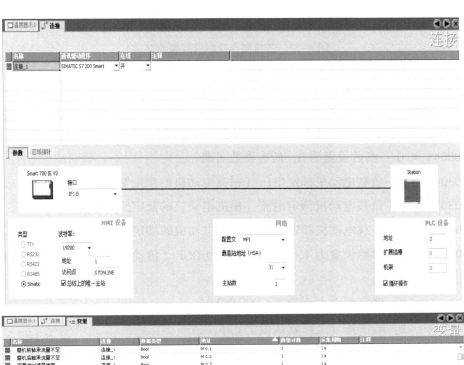

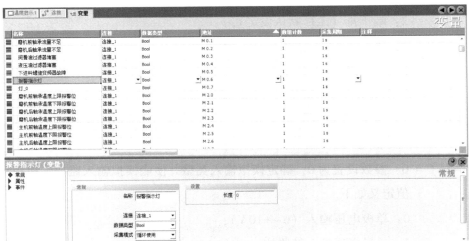

图 8-23　变量制作及触摸屏画面

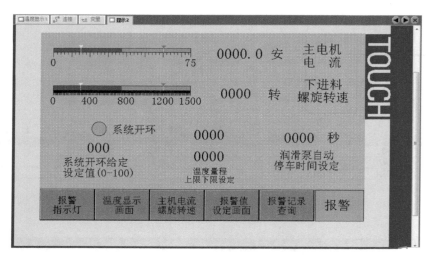

图 8-23　变量制作及触摸屏画面（续）

（2）参数设置

系统上电后，需要通过面板（图 8-15）设置的参数如下。

P［0003］= 3：参数设置为 3，用户访问级别，标准。

P［0004］= 0：参数设置为 0，所有参数可改。

P［0304］=?：负载电动机额定电压（根据电动机的额定铭牌数据）。

P［0305］=?：负载电动机额定电流（根据电动机的额定铭牌数据）。

P［0307］=?：负载电动机额定功率（根据电动机的额定铭牌数据）。

P［0700］= 1：参数设置为 1，选择命令源为 BOP（传动变频器键盘）；其他取值定义
如下。

　　0：恢复数字 I/O 到工厂默认设定；

　　2：端子排（工厂默认设定）；

　　4：USS 在 BOP 链路上；

　　5：USS 在 COM 链路上（通过控制端子 29 和 30）；

　　6：CB 在 COM 链路上（CB=通信板）。

P［0701］= 1：各数字量输入可设定（P［0701］~ P［0706］= ?），设定值可参考
表 8-2。

P［0756］= 0：参数设置为 0，确定模拟输入类型并使能模拟输入监控；模拟输入类型
值定义如下。

　　0：单极电压输入（0~+10 V）；

　　1：单极电压输入带监控（0~+10 V）；

　　2：单极电流输入（0~20 mA）；

3：单极电流输入带监控（0~20 mA）；

4：双极电压输入（-10 V~+10 V）。

P［0771］= 21：参数设置为 21，确定 0~20 mA 模拟输出功能；模拟输出类型值定义如下。

21 CO：实际频率（定标按 P2000）；

24 CO：实际输出频率（定标按 P2000）；

25 CO：实际输出电压（定标按 P2001）；

26 CO：实际直流母线电压（定标按 P2001）；

27 CO：输出电流（定标按 P2002）。

P［0776］= 0：参数设置为 0，确定变换器类型值；变换器类型定义如下。

0：电流输出；

1：电压输出。

P［1000］= 2：参数设置为 2，选择频率给定值为模拟给定值；其他取值定义如下。

0：无主给定值；

1：MOP 给定值；

3：固定频率；

4：USS 在 BOP 链路上；

5：USS 在 COM 链路上；

6：CB 在 COM 链路上；

7：模拟给定值 2。

（3）操作说明

按"变频起动"按钮起动变频器，变频起动指示灯被点亮，按下触摸屏手/自动方式及频率设定按键，若设定频率逐步增大，电动机转动逐渐加快；若设定频率逐步减小，电动机转动将逐步减慢。自动方式为闭环控制，设定频率后，电动机自动根据主电动机电流自动调节给定值，控制给料快慢。

按"变频停止"按钮，变频器将停止运行。

第9章 导 线

本章主要介绍导线的选用原则及方法以及线路保护。电线电缆是用以传输电（磁）能、传递信息和实现电磁能转换的线材产品。电缆的额定电压应等于或大于所在网络的额定电压，电缆的最高工作电压不得超过其额定电压的15%。敷设在电缆构筑物内的电缆宜采用裸铠装电缆或铝包裸塑料护套电缆。直埋电缆采用带护层的铠装电缆或铝包裸塑料护套电缆。垂直或高差较大处敷设电缆，应采用不滴流电缆。环境温度超过40℃时不宜采用橡皮绝缘电缆。

9.1 导线的选用

9.1.1 导线选用的一般原则

导线选用的一般原则如下。

1）按使用环境和敷设方式选择导线的类型。

2）按机械强度选择线芯的最小截面。

3）按允许载流量选择导线线芯的截面。

4）按允许电压损失选择导线线芯的截面。

5）按2）、3）、4）条件选择的导线具有几种规格的截面时，应取其中较大的一种。

6）从经济和实用的角度出发，应贯彻导电体"以铝代铜"、绝缘材料"以塑料代橡胶"的原则。

9.1.2 常用电线类型的选用

裸导线：结构简单，价格便宜，安装和维修方便，架空导线应选用裸绞线，并优先选用铝绞线和钢芯铝绞线。

塑料绝缘导线：绝缘性能良好，价格较低，无论明敷或穿管均可代替橡皮绝缘线，但不能耐高温，易老化，所以不宜在户外敷设。

橡皮绝缘导线：绝缘性能良好，柔软性较好，耐油性差，可在一般环境中使用，带有玻璃丝编织保护层的橡皮绝缘线耐磨性、耐气候性较好，可用于户外或穿管敷设。

氯丁橡皮绝缘线：耐油性好，不延燃，不易霉，耐气候性好，可在户外敷设。

常用绝缘导线的选用举例见表 9-1。

表 9-1　导线型号及数敷设方式的选择

导 线 型 号	敷设方式	干燥	潮湿	腐蚀	多尘	高温	火灾危险	爆炸危险	屋外沿墙
BLVV、BXVV	直敷布线	○	-	-	-	-	-	-	-
BLV、BLX	夹板布线	○	-	-	-	-	-	-	-
BLV、BLX（BLXF、BLV—105）	鼓形绝缘子布线	○	+	-	+	○	+		○
BLV、BLX（BLXF、BLV—105）	针式绝缘子布线	○	○	+	+	○	+		○
BLX（BX）	钢管明布线	+	+	+	○	+	○	○	+
BLX（BX）	钢管暗布线	+	○	+	○	+	○	+	+
BLX	电线管明布线	+	+	+	+	+	+		+
BLX、BLV（BX、BV）	硬塑料管明布线	+	○	○	○	-			-
BLX、BLV（BX、BV）	硬塑料管暗布线	+	○	○	○				+
BLVV、BXVV	板孔暗布线	○	+	+	+				
VLV、XLV	电缆明敷	+	+	+	+	-	+	+	-
BLX、BLV	半硬塑料管暗布线	○	+	+	+				

9.2　导线截面的选择及计算

9.2.1　按机械强度选择导线截面

由于架空线受到大自然的外力及自身重力的作用，所以要求架空线具有一定的机械强度。一般规定用作低压架空线路铝线的截面不得小于 16 mm²，铜线的截面不得小于 6 mm²。

室内配线时，导线最小截面应满足表 9-2 中的机械强度要求。

表 9-2 室内配线中导线最小截面的要求

敷设方式及用途	线芯最小允许截面/mm²		
	铜芯软线	铜导线	铝导线
敷设在室内支承件上的裸母线	—	2.5	4.0
敷设在绝缘支承件上的绝缘导线其支点间距为 1）≤1m 室内（室外） 2）≤2m 室内（室外） 3）≤6m 4）≤12m		1.0（1.5） 2.5 2.5	1.5（2.5） 4.0 4.0
穿管敷设的绝缘导线	1.0	1.0	2.5
槽板内敷设的绝缘导线	—	1.0	2.5
塑料护套线敷设	—	1.0	2.5

9.2.2 根据允许的持续电流选择导线截面

三相架空线路中的电流值可用下式计算，即

$$I_j = \frac{P_j}{\sqrt{3}\,U\cos\varphi}$$

式中　I_j——线路中计算电流值，单位为 A；

　　　P_j——线路中计算有功功率，单位为 W；

　　　U——三相电路的线电压，单位为 V；

　　$\cos\varphi$——功率因数。

照明负荷一般根据需要系数法进行计算。当三相负荷不均匀时，取最大一相的计算结果作为三相四线制照明线路的计算容量（或计算电流），即

$$单相线路\ I_j = \frac{K_c P_e}{U_P \cos\varphi}$$

$$三相线路\ I_j = \frac{K_c P_e}{\sqrt{3}\,U_L \cos\varphi}$$

混合线路（既有白炽灯又有气体放电灯类）中有

$$I_{yg} = \frac{P_e}{U_P} = \frac{P_e}{220}$$

$$I_{wg} = I_{yg}\tan\varphi$$

每相线路的工作电流和功率因数为

$$I_g = \sqrt{\left(\sum I_{yg}\right)^2 + \left(\sum I_{wg}\right)^2}$$

$$\cos\varphi = \frac{\sum I_{yg}}{I_g}$$

式中 P——线路安装容量，单位为 W；

$\quad\quad U_P$——线路额定相电压，一般为 220 V；

$\quad\quad U_L$——线路额定线电压，一般为 380 V；

$\quad\quad K_c$——照明负荷需要系数，可查表 9-3；

$\quad\quad I_j$——线路计算电流，单位为 A；

$\quad\quad I_{yg}$——线路有功电流，单位为 A；

$\quad\quad I_{wg}$——线路无功电流，单位为 A；

$\quad\quad I_g$——线路工作电流，单位为 A；

$\quad\cos\varphi$——线路功率因数。

总计算电流为

$$I_j = K_c I_g$$

表 9-3　照明负荷需要系数 K_c

建筑类别	需要系数 K_c
大型厂房及仓库、商业场所、户外照明、事故照明	1.0
大型生产厂房	0.95
图书馆、行政机关、公用事业	0.9
分隔成多个房间的厂房或多跨厂房	0.85
实验室、厂房辅助部分、托儿所、幼儿园、学校、医院	0.8
大型仓库、配变电所	0.6
支线	1.0

9.2.3　根据电压损失选择导线截面

负载端电压是保证负载正常工作运行的一个重要因素。由于线路存在阻抗，电流通过线路时会产生一定的电压损失，如果电压损失过大，负载就不能正常工作。

电压损失的大小与导线的材料、截面和长度有关，如用电压损失率来表示，其关系为：

$$\varepsilon = \frac{U_1 - U_2}{U_1} \times 100\%$$

式中　ε——线路的电压损失率，正常情况下允许偏差范围为 $\pm 5\%$；

$\quad\quad U_1$——线路首端电压（或电源端电压），单位为 V；

$\quad\quad U_2$——线路末端电压（或负载端电压），单位为 V。

当给定线路电功率、送电距离和允许电压损失率后，导线截面计算公式（经验公式）为

$$S = \frac{\sum P_\mathrm{j} I}{C\varepsilon}\%$$

式中　S——导线截面积，单位为 mm²；

　　　P_j——线路或负载的计算功率，单位为 kW；

　　　I——线路长度，单位为 mm；

　　　ε——允许电压损失率（%），架空线路一般限制为 2.5%~5%；

　　　C——使用系数，由导线材料、线路电压及配电方式而定，应按表 9-4 选取。

表 9-4　电压损失计算的 C 值（$\cos\varphi = 1$）

线路额定电压/V	线路系统类别	C 值计算公式	C 值 铜	C 值 铝
380/220	三相四线	$10rU_\mathrm{L}^2$	72.0	44.5
380/220	两相一零线	$10rU_\mathrm{P}^2$	32.0	19.8

注：1. 环境温度取+35℃，线芯工作温度为 50℃。
　　2. r 为导线电导率（m/Ω·mm²），$r_{铜} = 54\,\mathrm{m/Ω·mm^2}$，$r_{铝} = 34\,\mathrm{m/Ω·mm^2}$。
　　3. U_L、U_P 分别为线电压、相电压（kV）。

9.3　照明线路的保护

　　在照明线路的干线和支线上均可采用断路器或熔断器作为线路或用电设备的保护装置。保护设备额定电流的选择应满足短路故障时的分断能力，即

$$I_\mathrm{eR} \geq 2I_\mathrm{j} \qquad I_\mathrm{er} \geq I_\mathrm{j}$$

式中　I_eR——熔断器或断路器的额定电流，单位为 A；

　　　I_er——熔断额定电流或热脱扣器电流，单位为 A；

　　　I_j——线路计算工作电流，单位为 A。

　　由于高压汞灯的起动电流大，时间长，所以熔体电流的选择应满足下列关系：

$$I_\mathrm{er} = (1.3-1.7)I_\mathrm{e}$$

式中　I_e——熔断额定电流或热脱扣器电流，单位为 A。

　　一般情况下，导线与熔丝额定电流的配合可根据表 9-5 进行选用。

表 9-5　铝芯绝缘导线及配用熔丝额定电流（环境温度为 35℃时）

截面 /mm²	明设 导线	明设 熔丝	单芯导线穿金属管内根数 2 根	熔丝	3 根	熔丝	4 根	熔丝	单芯导线穿硬塑料管内根数 2 根	熔丝	3 根	熔丝	4 根	熔丝
1.5	14	10	11	10	9	7	8	7	9	7	3	7	6	5
2.5	21	15	17	15	16	10	14	10	13	10	12	10	11	7

截面/mm²	明设		单芯导线穿金属管内根数						单芯导线穿硬塑料管内根数					
	导线	熔丝	2根	熔丝	3根	熔丝	4根	熔丝	2根	熔丝	3根	熔丝	4根	熔丝
4	28	20	25	20	21	15	20	15	20	15	17	10	16	10
6	36	25	29	25	26	20	24	20	24	20	22	15	20	15
10	51	45	43	35	36	30	31	25	36	25	30	25	26	20
16	68	60	62	45	47	35	42	35	45	35	40	35	35	25
25	89	80	70	60	64	45	55	45	61	45	56	45	48	35
35	110	100	82	60	71	60	70	60	74	60	64	45	62	45
50	140		106	80	93	80	76	60	96	80	83	60	68	60
70	174		133	100	120	100	106	80	119	100	108	80	96	80
95	213		159		140		129	100	142		132	100	116	100
120	251		186		160		151		176		151		143	
150	291		216		190		180		206		180		168	

参 考 文 献

[1] 阮忠．怎样看电气图 [M]．福州：福建科学技术出版社，2005.

[2] 杨波．维修电工实际操作手册 [M]．沈阳：辽宁科学技术出版社，2006.

[3] 金国砥．电工操作实务 [M]．杭州：浙江科学技术出版社，2005.

[4] 金国砥．电工实训 [M]．北京：电子工业出版社，2003.

[5] 王志鑫．工厂电工操作技术要领图解 [M]．济南：山东科学技术出版社，2005.

[6] 潘雪峰，张燕，杨国治．高级电工实用技术 [M]．北京：人民邮电出版社，2006.

[7] 谈文华．电工安全技术考核 [M]．北京：机械工业出版社，2005.

[8] 于晓春，公茂法．电工电子实习指导书 [M]．徐州：中国矿业大学出版社，2011.